工程衛士

建設發家

王早生

二〇二二年八月十六日

U0178127

2023 中国建设监理与咨询

——中国建设监理协会成立30周年

主编　　中国建设监理协会

中国建筑工业出版社

图书在版编目（CIP）数据

2023中国建设监理与咨询. 中国建设监理协会成立30周年 / 中国建设监理协会主编. —北京：中国建筑工业出版社，2023.9
ISBN 978-7-112-29188-5

Ⅰ.①2… Ⅱ.①中… Ⅲ.①建筑工程—监理工作—研究—中国 Ⅳ.①TU712.2

中国国家版本馆CIP数据核字（2023）第180918号

责任编辑：陈小娟 焦　阳
文字编辑：汪箫仪
责任校对：王　烨

2023 中国建设监理与咨询
——中国建设监理协会成立 30 周年
主编　中国建设监理协会
*
中国建筑工业出版社出版、发行（北京海淀三里河路 9 号）
各地新华书店、建筑书店经销
北京雅盈中佳图文设计公司制版
天津图文方嘉印刷有限公司印刷
*
开本：880 毫米 × 1230 毫米　1/16　印张：7$\frac{1}{2}$　字数：300 千字
2023 年 9 月第一版　2023 年 9 月第一次印刷
定价：35.00 元
ISBN 978-7-112-29188-5
（41897）

目录 CONTENTS

我与协会同成长

唐桂莲

中国建设监理协会第五届理事会副会长

山西省建设监理协会第三、四届理事会会长

山西省建设监理协会《山西监理》主编

2008 年秋至 2018 年 9 月，我有幸在山西省监理第三、四届协会当会长坐班工作，十年来，在上级的正确领导和协会确定的"三服务"宗旨指导下，协会在服务会员、理论研究、培训教育等方面做了一些工作，现主要就理论研讨工作的推进与大家共享。

一、协会引领行业

2008 年开始，协会提出"强烈的服务意识、过硬的服务本领、良好的服务效果"的"三服务"宗旨，但这仅是一个推进工作的思路与方向，具体抓什么、重点怎么抓还要慎重选定，考虑到协会的职责与行业发展的需求，决定从企业文化、宣传通信、理论研究着手起步、强力推进，特别是理论研究工作，它是一项提高素质、引领行业必须要做的工作，但又是一项基础薄弱、难以推动的棘手工作。于是协会分下列几步逐年推进：

（一）建立队伍。2008 年，协会发文要求每个会员企业配备一名兼职通联员，落实此项工作。

（二）率先示范。2009 年省民政厅组织"庆祝建国 60 周年征文大赛"，自己带头参加，亲笔撰写《服务是行业协会永恒的主题》的论文，荣获大赛一等奖。

（三）组建"两委"。2010 年，协会组织多名资深专家组建"理论委"和"专家委"两委会，思考策划行业的理论研究工作。并由"两委"点题、"两委"示范、"两委"引领。

（四）借机练兵。多年来只要中国建设监理协会、《建设监理》、山西省民政厅以及住房和城乡建设厅等有理论研讨竞赛安排协会都会号召企业踊跃参加。

（五）强力推进。在议定设立通联员、组建"两委"机构和借机练兵的基础上，又采取多种措施强力推进。

1. 排序公布。每年将会员企业上报的有效论文（经检测）数量按企业资质等级排序，并在网站、会刊公布，用不批评的办法倒逼企业领导重视此项工作。

2. 选登点评。对会员上报和企业内刊登载的好论文，协会会刊选登并加点评宣传、鼓励上进，调动从业人员的积极性。

3. 表彰奖励。每年对在国家监理期刊发表文章和在中国建设监理协会、《建设监理》等论文大赛受到表彰以及外省监理期刊选登论文的作者进行奖励，十年共对千余名作者奖励 20 余万元。

4. 编写"论文集"和学习心得。协会在发动、组织行业开展理论研究工作的同时，还注意分类收集选编优秀论文为《论文集》与《书香监理活动选编》等资料。特别是在 2014 年与 2021 年，为提高人员素质，协会分别组织编印出版发行《建设监理实务新解 500 问》和《躬身拣玉》供全省监理人员学习。

5. 表扬先进。协会每年都评选并在年度通联会上表扬百篇优秀论文作者。还对撰写论文总量多的企业、质量高的会员、数量居前的从业人员等先进进行表扬鼓励，极大地调动了全行业人员投身理论研讨工作的积极性。

在工作确立着力点与多种措施叠加的感召下，业内理论研究的氛围空前高涨，从第三届开始的每年撰写十几篇到后来逐年上升为 400~500 篇；同时论文质量也在不断提高，从最初各大监理期刊年发表论文寥寥无几到后来已达年发表百篇以上……为此，从业人员中，撰写论文的积极性提高了，参与理论研究工作的队伍逐年扩大了，思考工作建言的人数多了，抓学习搞研究的氛围浓了，素质自然也就提高了。山西监理的理论研究工作，山西省住房和城乡建设厅厅长王国正曾于 2011 年 1 月在协会第 27 期简报上专门批示表扬，并安排厅办公室发文，要求其他协会学习推广。特别是中国建设监理协会在其 2012 年编印的《总监工作理论研讨会论文集》前言中给予了高度的评价："像山西省监理协会，他们很重视监理理论研究工作，经过几年连续不断的努力，群众性地开展建设监理理论研究已蔚然成风……可以说，山西省建设监理的理论研究工作是全行业的一面光辉旗帜！"

至此，我们深感欣慰，工作推进顺利，初心已有彰显，功夫没有白费，努力得到回报。最终，协会确实发挥了引领行业的作用。

二、行业成就了协会

我在一次讲话中曾谈道："正是有了会员，才催生了协会。协会的根基是企业，协会靠山是会员，协会任何一项决策、活动，如果会员不响应、不积极参加，应者寥寥，协会何谈威信，何谈各方认可……十年来，协会每安排一项工作，每举办一次活动，每召开一次会议，每组织一项竞赛……会员企业都积极响应，认真准备，踊跃参加，全行业呈现出钻研业务、互相学习、你追我赶、不甘落后的良好氛围和生动局面。"

2009 年，协会组织参加评选省科协开展的迎国庆，爱科学、爱建设"五个 10"系列评选活动，荣获组织奖。

2014 年，协会组织的《建设工程监理规范》知识竞赛，企业高度重视，选手用心努力，精神振奋、一决高下，大力推动了学规范、用规范的高潮。

2015 年，协会组织"增强责任心提高执行力"演讲比赛，报名积极、参赛面广、场面壮观、效果良好、反响深远、振奋人心。

2017 年，协会组织迎七·一羽毛球大赛。企业报名踊跃，参赛者顽强拼搏，充分展现出监理人锐意进取、追求卓越的精神风貌。

十年来，协会每次号召会员参加中国建设监理协会等上级组织的论文大赛，山西省参赛者多达几百人，不论是推荐参赛论文的数量，还是获奖论文数量，均在各省监理前列，且协会有 9 次都荣获组织奖。

故此，协会的凝聚力增强了，影响也在不断扩大。

2010 年，协会受邀参加住房和城乡建设部全国监理工作会议。

2011 年，协会受邀列席山西省十一届人大常委会第二十二次会议，旁听审议《山西省建筑工程质量和建筑安全生产管理条例（修订草案）》。

2013 年，协会有幸被中国建设监理协会推荐并经第五届会员大会选举，成为中国建设监理协会第五届副会长单位。

2009 至 2018 年，协会 9 次推荐的论文中有 130 余篇被中国建设监理协会、《建设监理》、省民政厅、省住房和城乡建设厅评为获奖论文。

2011 年、2013 年、2019 年，协会连续三次被山西省民政厅授予"5A 级"社会组织殊荣。

协会于 2013 年被山西省人力资源和社会保障厅、省民政厅联合表彰为"全省先进社会组织"。

行业齐努力，协会有荣光，会员拼搏，团队协作；一分耕耘，一分收获。行业发展，协会成长。社会组织工作人员受到锻炼，得到提高。胸中有企业，心中怀服务，自找活动，自加压力，不图利益，不求回报，以做事为前提，以服务为宗旨，千方百计去策划、去努力、去创新、去争取，求得会员认可，求得企业满意，求得工作有效。

协会引领了行业，行业成就了协会，我和秘书处全体人员也同行业和协会共同成长。

谱写春秋　不忘初心　功在当代

——纪念中国建设监理协会成立 30 周年暨我国建设监理制度诞生 35 周年

邓　涛

中国铁道工程建设协会

1988 年，我国工程建设领域诞生了改革开放初步成果——建设监理制度，至今已经 35 年了。35 年来，经过无数监理人的共同努力，建设监理作为工程质量安全的"保护神"和工程建设水平和投资效益不断提高的"助力器"，对国民经济持续快速高质量发展作出了巨大的贡献。

1993 年 7 月 27 日，中国建设监理协会在北京成立，至今也已 30 年了。

中国建设监理协会的成立，标志着建设领域工程管理社会化和专业化的社团组织应运而生。

作为参加过第一届三次理事会且担任过第二届至六届理事会理事和第三届、第四届常务理事的我，心情格外激动。可以说，我几乎见证了中国建设监理协会近 30 年的发展历史。

一、不忘初心，努力开展工程监理和工程咨询工作

1995—2008 年，我在北京现代通信信号工程咨询公司担任公司领导。1995 年 12 月应邀代表公司参加在北京国务院二招召开的中国建设监理协会第一届三次常务理事会，结识了建设部、中国建设监理协会诸多中国建设监理工作的开拓者和领导者，使得我对国家监理事业的认识进入了全新的阶段。

从企业的角度来回顾中国建设监理协会的部分工作成就和我的一些感悟。协会帮助监理企业推进整章建制活动，组织会员单位座谈和经验介绍等各种会议，为监理企业提供了一系列企业管理包括资质、培训、建设和现场组织机构、人劳财等管理经验和规章制度建设范本，推进了企业和监理工作规范化的开展。我在第二届协会当选理事后，通过参加协会组织的会议和参观等活动，把在活动中学到的企业工作经验和监理工作经验借鉴到企业的工作中，对我所在的企业建设起到了非常大的作用。

北京现代通信信号工程咨询公司成立于 1988 年，和中国建设监理制度诞生于同一年。成立后，在工程咨询业务中偏重地铁（以后称作城市轨道交通）的立项、可研、评估和初步设计咨询等工作，1988 年先后在北京、广州、武汉、深圳、哈尔滨、大连地铁轻轨项目中承担过可研咨询报告等任务；1991 年承担北京、上海地铁通信信号监理任务，此后在京九铁路、北京西客站建设中承担监理任务。后来相继承担过广州地铁 1 号线咨询任务、西门子公司顾问任务，以及英国西屋公司合作新加坡地铁咨询任务等。我们始终按照建设部设计监理工作的初衷，

在建设管理全过程中寻找咨询任务来源，把重点放在建设工作前期、实施阶段和后评估阶段。公司经营收入从我成为中国建设监理协会理事时年收入不足 100 万元，至 2000 年已能年收入 3000 多万元。

第三届我当选中国建设监理协会理事、常务理事，北京现代通信信号工程咨询公司在此期间又有了较快的发展。由于建设部后来将监理定位在施工阶段的工程监理，突出旁站监理。公司的发展也受到影响，任务来源局限于施工阶段。但公司在中国建设监理协会指导下，拓展监理业务，从地下走到地上，从轨道走向光缆，从铁路有线通信走向通信运营商的无线通信，从普通铁路工程走向高速铁路，从国家铁路走向地方铁路和其他行业专用线铁路等，监理业务持续扩大，营业年收入达上亿元，公司同样得到了较快发展。

我的体会是：中国建设监理协会所做的工作，对于全国几千家会员单位起到了指导和理论支撑作用。

二、做好服务，围绕行业改革与发展的大事，推动铁路监理工作创新发展

2007 年 4 月，我继续当选中国建设

监理协会第四届理事、常务理事，2008年8月离开监理公司脱产到中国铁道工程建设协会监理委员会担任副主任。此前，我兼职担任第一届、第二届监理委员会副主任。此后我又连续两届当选中国建设监理协会第五届、第六届理事和担任中国铁道工程建设协会监理委员会第三届、第四届副主任。

从企业到协会，角色变换了，工作内容不同了。

从协会工作者的角度来回顾中国建设监理协会部分工作成就和我的一些感悟。中国铁道工程建设协会监理委员会成立于2003年4月，并于次年被中国建设监理协会吸收成为其团体会员。我在2003年开始兼任监理委员会副主任，2008年7月到中国铁道工程建设协会监理委员会做专职副主任工作，至今已有20个年头。这些年我们所取得的工作成绩，离不开中国建设监理协会历任领导和部门的大力支持和帮助。作为全国监理行业牵头协会发布的各项方针政策文件，对中国铁道工程建设协会监理委员会的日常工作起到了非常重要的指导和引导作用。

20年来，监理委员会在中国铁道工程建设协会领导下，在中国建设监理协会和铁路建设主管部门指导下，在全体监理会员单位支持下，历任监理委员会坚持以党的各项方针政策为基点，严格按照协会章程和监理委员会工作规则办事，始终遵循"守法、诚信、公正、科学"职业准则，积极维护行业社会形象和会员的合法权益，不断向政府部门反映会员诉求，引导会员推进诚信建设和行业自律，促进了铁路监理事业健康发展。

对于监理委员会的工作，我们也借鉴了中国建设监理协会有关协会工作的一些做法、要求、体会和实践经验。比如协会工作的本质、摆正协会的位置等。协会工作的本质就是为全体会员服务，由于协会的中介和社会属性，协会还肩负着为政府和行业服务的任务，一方面是政府行业管理的助手，另一方面是政府联系企业的桥梁和纽带。所以，监理委员会围绕行业改革与发展的大事，积极探索铁路监理工作创新发展和铁路监理企业改制的内容和方法，进一步完善监理市场的对策，并取得了一些成效。

一是紧密围绕国家发展改革委、住房和城乡建设部、国家铁路局和国铁集团对监理工作创新发展的文件精神，利用监理委员会召开的各类会议、调研和专项座谈会，组织会员单位学习，并请行业内外创新发展较好的监理企业介绍有关经验，推动行业监理工作创新发展活动的开展。2019年利用在郑州召开中华人民共和国成立70周年表扬铁路监理突出贡献者暨监理创新发展论坛大会的机会，由上海华东铁路建设监理有限公司等5家铁路监理企业代表发言，交流铁路建设管理、监理创新工作经验和发展思路。2019年8月29—30日，在中国建设监理协会和中国电力企业协会的支持下，部分铁路监理会员单位到江苏太仓，与国网江苏电力工程咨询有限公司座谈，听取其领导介绍了全过程工程咨询项目在电力系统的成功实践，还听取了天津路安工程咨询监理有限公司介绍杭绍台铁路工程EPC项目监理实施情况。同时，参观了苏通1000kV交流特高压输变电GIL综合管廊工程和1000kV交流特高压输变电工程东吴变电站，使参会的铁路监理会员单位领导拓宽了视野，提高了监理工作创新发展的意识和水平。

二是大力推动铁路监理企业股份制企业改革。多次召开座谈会，介绍路内路外监理企业改制经验；对铁路监理企业改制要求，监理委员会牵头联系路外监理企业改制比较成功的单位与会员单位对接，或学习借鉴，或入股合作，对铁路监理公司摆脱原有束缚企业发展机制起到了积极的作用。2019年11月在国铁集团召开的监理企业创新发展座谈会后，监理委员会组织郑州中原铁道建设工程监理有限公司等11家监理会员单位分别撰写了《铁路监理企业体制机制创新模式》《铁路建设监理企业高质量管理和创新发展》等文章，大力推动铁路监理企业破解体制机制制约，走向创新发展之路。引导并支持长沙中大监理科技股份有限公司股份制改革，对行业内尝试进行股份制改革的北京现代通号工程咨询有限公司等单位也给予了各种帮助。

三是协会监理委员会和中国电力企业协会监理委员会在调查研究的基础上共同牵头，并在中国建设监理协会水电监理分会等20多个行业监理协会（分会、委员会）及其监理会员单位的广大监理同行的支持下，完成了中国建设监理协会交办的《行政管理体制改革对监理行业发展的影响和对策研究》一文，并于2014年8月截稿，我有幸参与了部分撰稿、审稿和编辑工作。这是一篇政策性、理论性、指导性较强的文章，对于广大监理企业和监理人员统一思想、深化改革、促进发展有着积极的意义，可作为政府部门行政体制管理改革、监理行业协会改革的参考，也可成为广大监理企业为适应这种改革和影响而采取的相应对策提供参考建议。事实上，该研究论文的出现和宣贯，对于住房和城乡建设部、国家发展改革委后来出台的行政管理体制改革，对于各监理行业主管部门、学会协会、监理会员单位所采取的对策有很大的帮助，也对广大监理人员了解、借鉴和吸收有关改革精神，指导和促进监理行业和企业的发展起到了积极作用。

我的体会是：中国建设监理协会在围绕行业改革与发展大事，推动各行业监理工作创新发展上的作用是巨大而实在的。

三、注重协会工作，保持优良的工作作风

协会属民间社会团体，是行业自律组织。中国建设监理协会自成立以来的工作方法主要是民主办会，协商办事，因此给我们留下了深刻的印象。重大事情，通过召开常务理事会和秘书长会议解决，即使不便召开会议时也要通信征求常务理事的意见。我有幸多次参加中国建设监理协会常委会、秘书长会等会议活动，感受到其热情服务的民主作风。我们监理委员会秉承中国建设监理协会的民主办会精神，在我们的常委会议、全体会议期间，在平时为会员单位、广大监理人员服务中坚持民主原则，热情服务，做好"会员之家"，负起"娘家人"应有的责任，因此受到了广大会员单位和广大监理人员的欢迎。

（一）抗疫工作取得伟大胜利。疫情3年多来，许多企业领导和监理工作者多次不能前来协会办理正常业务；监理委员会成员因疫情，居家办公，给复工复产后正常的工程和监理工作造成了一些困难。为了监理人员业务培训后的证件管理和新开工程时监理人员证件变

更等情况及时得到处理，我们采用邮寄方式，使有关监理会员单位的工作人员不用来监理委员会就能完成相关工作。尽管我们管理证件的人员要凑合适的时机或值班，或加班加点，克服多重困难，在会员单位有需求的时候没有使他们失望。

疫情期间，我们采用线上会议和通信方式先后召开多次会员大会、常委会、通联会、培训工作等会议，举办国家铁路局、国铁集团交办的各类文件征求意见座谈会，对国家铁路局"铁路工程监理工作现状及作用发挥分析研究"课题和国铁集团《铁路建设项目监理工作指南》系列丛书初稿、征求意见稿和送审稿也多次采用线上方式进行评审，取得了很好的效果。

（二）业务培训工作卓有成效。开展铁路监理人员业务培训工作，是提高铁路建设工程质量和监理队伍素质的必要途径之一。监理委员会从成立起被赋予监理培训职能，当时注册铁路监理工程师5626人。经过监理委员会多年努力，在行政许可法调整相关政策后，实行了铁路监理工程师业务培训合格制度。

20年来，监理委员会共培训并取得监理工程师培训合格证的人员超过40000人，除去因各种原因过期、无有效期和超龄（65周岁）的，目前在岗持有有效的监理工程师合格证近25000人，总监理工程师合格证5000多人，监理员合格证3000多人。还有国家注册监理工程师5000多人奋战在铁路建设工程上，基本满足了工程需要和铁路监理企业工作需要。

（三）信息宣传得到广泛重视。监理委员会在协会网站上建立网页，搭建行业交流平台。在监理委员会的网页，

纳入了"铁道建设监理""铁路监理人员综合管理平台"以及"注册监理工程师网络继续教育平台"等板块，一是扩大《铁道建设监理》刊物的阅读量；二是通过"铁路监理人员综合管理平台"（业务培训考试报名系统、网络继续教育系统、监理人员管理系统、监理人员变更系统），加强铁路监理人员培训及综合管理，提供从业人员信息查询；三是为住房和城乡建设部注册监理工程师提供网络继续教育培训服务；四是发布行业和协会动态，及时更新政策法规和文件通知。在推动铁路监理行业加大信息化建设的力度，实现管理手段创新升级。

《铁道建设监理》刊物积极为企业搭建交流平台，积极探索增强协会凝聚力，以及更好服务会员的新方式、新途径。追踪行业热点、焦点问题，推广企业创新发展经验，树立刊物的形象和品牌，提高刊物质量和行业宣传效果，促进会员交流与相互学习。目前，《铁道建设监理》刊物发行量每期2000份，20年间，刊发174期，发行量达144000册。从2010年起每年召开通信员联络会议，已连续召开了13次。

（四）中外合作咨询监理取得阶段性成果。为及时了解、掌握国外先进建设管理经验，监理委员会组织开展了对外学习交流工作。在国家铁路局和中国建设监理协会的支持下，20年间先后组织了4次较大的出国考察活动。先后应邀两次组团赴欧洲国家考察高速铁路建设管理。对德国、法国、芬兰、奥地利4个国家的高速铁路建设管理、工程咨询和监理等进行了较全面的学习和了解；应邀组团赴美国进行建设监理考察，对美国铁道行业在建设和维护方面的标

准化建设情况，铁道建设维护、安全管理等方面的相关管理情况进行了考察学习；应邀组团对韩国、日本就工程咨询监理工作标准化，以及高速铁路的建设管理进行了考察和技术交流。通过这几次考察交流，国外工程咨询（监理）公司的管理思维、工作程序、技术水平、职业精神给考察团留下了深刻的印象。我们开阔了眼界，学习到了新知识、新理念、新方法。

监理委员会在中外合作联合体开展高铁建设方面做了一系列服务工作。组织出版英文版《铁路建设工程监理规范》；为中外合作咨询监理企业牵线搭桥；调研中外合作监理工作，对出现的中外方矛盾和问题进行调解处理，多次提出加强现场监理工作合作的意见建议。

（五）协会监理服务工作有声有色。在整章立制方面，立足协会宗旨，明确监理委员会工作职责，与时俱进，建立健全监理委员会的《工作规则》《铁路建设工程监理人员证书管理办法》《铁路建设监理人员业务培训工作规定》《铁路监理工程师继续教育培训工作规定》等管理办法，规范铁路监理人员业务培训及证书管理；发布《铁路建设监理行业自律准则》《铁路建设监理行业自律准则实施细则》和《铁路建设工程监理人员职业道德警示处罚报告规定》等规定通知，

倡导行业自律，促进铁路行业监理持续、健康、和谐发展。

在发展壮大监理会员队伍方面，监理委员会在吸引会员单位入会的同时，对会员入会严格要求。铁路走向各行业和地方的监理企业和人员也一定要体现出素质过硬、品德高尚的精神面貌。监理委员会从成立时的 47 家监理会员单位发展成现在的 122 家，20 年间发展会员 75 家。

在评优评先方面，监理委员会为了促进铁路监理企业发展和激励铁路监理人员爱岗敬业，组织开展评选先进单位优秀个人表彰活动。20 年间，共评选出先进监理单位 123 家，优秀监理工程师 1338 人，优秀总监理工程师 422 人。2019 年在召开中华人民共和国成立 70 周年表扬铁路监理突出贡献者暨监理创新发展论坛大会期间，表彰铁路监理突出贡献者 48 人，表彰铁路监理突出贡献者提名 8 人，共 54 人。

在为会员单位办事方面，监理委员会从 2013 年起就实现了监理人员证件管理信息化。监理人员变更由原来的几个星期缩短为几天，甚至 1 天。取消了转入单位办事人员到转出单位盖章的环节，极大地简化了程序和路程，减少了交通住宿经费。同时，也陆续推出了"铁路监理人员综合管理平台"以及"注

册监理工程师网络继续教育平台"，取消了线下继续教育培训，方便了现场监理工程师，为他们节省了时间，节约了费用，避免了奔波，减少了工作干扰，受到了建设单位、施工单位、监理单位和现场监理机构以及广大监理工程师们的认可和赞扬。

我的体会是：中国铁道工程建设协会监理委员会近 20 年的工作经历和中国建设监理协会的发展历程紧密相连。我们每次的重大活动，中国建设监理协会领导都莅临指导并在精神和费用上给予了一定的支持，还多次减少或免除团体会员费。中国建设监理协会每次组织的活动我们也都积极参加，交代的任务尽最大努力完成。作为中国建设监理协会团体会员，我们为有这样的上级协会对我们工作的关心关爱感到无比的骄傲和自豪。

在中国建设监理协会迎来 30 周年和国家实行建设监理制度 35 周年到来之际，我衷心祝愿国家的建设监理制度创新发展，百尺竿头，更进一步，衷心祝贺中国建设监理协会成立 30 周年！

我也将珍惜有限的工作时间，在监理委员会的岗位上，在为国家、铁路建设主管部门、铁路监理企业和广大铁路监理工作者服务期间，努力奋斗，站好最后一班岗。

江湖夜雨十年灯

——我与监理协会共成长

耿 春

河南省建设监理协会

栉风沐雨，砥砺歌行。

今年是中国建设监理协会成立30周年。这30年，正是中国工程监理行业筚路蓝缕、一路进击的30年，这段从稳步发展到全面推行，再到创新发展的历程，之于监理行业，有着不易解读的高度和长度，不仅与国家的发展和时代的进步同频共振，也影响了无数监理工作者人生和事业的命运沉浮。

我，就是其中的一员。

2006年，因缘际会，我入职河南省建设监理协会，成为一名协会工作者。2008年，中国建设监理制度迎来了创新发展20周年，在北京国际会议中心举办了盛大的总结表彰大会，首次颁发中国工程监理大师奖。64名工程监理大师神采奕奕，载入了中国工程监理行业的发展史，他们陈弊往昔的警语和指示未来的正声，见微知著的敏锐和冲锋向前的勇气，充满着智慧的方略和图强的风骨，

给我带来了强烈的心灵震撼，我似乎听到了精神长河穿越时空的流淌声，感受到了风雨兼程中他们始终坚守的正直和善良的准则、勤勉和自信的风度。

心怀感恩，学习受业。在协会17年的成长和打磨之路，遇到了无数来自全国工程监理行业的良师益友，与他们或有一面之缘，或是聆听演讲，抑或共进晚餐，与他们交往，总是让我流连忘返，如切如磋，内心充满着温暖。他们悉心的教诲和无私的指导，让我见到了更大的世界并快速成长，有幸成为他们中的一员，伴随监理行业的曲折行进，也开始书写自己的篇章，成为行业发展的见证者、参与者和建设者。

面朝时光，铭记理想，我把青春留在了协会，把青春的欢乐、忧伤以及美好的记忆留在了监理这个行业。监理与协会，成了我身份的标记，塑造了我的生活方式，并与我自身的发展休戚相关。

知来路，识归途，做好自己。在行业协会工作，与优秀者同行，一同发现、一路成长、一起更新、一块创造。是协会给了我这个异乡青年以巨大温情的拥抱，是监理容纳了我这条涓涓小溪腼腆地融汇。我将用一生，愿为监理增添一片绿叶，虽不起眼，却是一抹生机盎然的绿色。

我们为什么而出发，又将抵达什么样的彼岸？新时代的行业协会，在"服务国家、服务社会、服务行业、服务群众"的伟大使命中，正在开启一次重大的时代转型，而协会工作者，也将在历史与展望中，始终向前，不断成长，以更新的姿态服务行业，创造更加美好的生活。

桃李春风一杯酒，江湖夜雨十年灯。这是我与监理协会共成长的经历，就像早晨，一切都延续了昨日，但一切又是刚刚开始……

凝聚正能量　开创新辉煌

——我与协会共成长

王 红

中国建设监理协会化工监理分会

光阴似箭，日月如梭。自1988年我国建立工程监理制度以来，已跨越35年，随之应运而生的中国建设监理协会（以下简称"协会"）也迎来30岁生日，而中国建设监理协会化工监理分会（以下简称"分会"）也从小到大茁壮成长。

瓜熟蒂落、呱呱坠地。随着工程监理制度的建立，原化工部所属的设计院、咨询单位以及地方有条件的单位相继成立了以化工建设监理为主要业务的监理公司。2005年3月23日，民政部"社会团体分支机构登记通知书"正式批准成立分会。由此化工监理企业找到了共同的家园，纷纷加入分会这个大家庭。目前分会拥有会员单位80多家，作为一支行业的主力军，活跃在化工建设监理第一线。

经验分享、共同提高。分会自成立以来，采取召开年会、经验交流会、培训会等形式，把各监理企业凝聚在一起，共同发展、共同提高，取得了良好的社会效益，赢得了口碑，站稳了脚跟，保障了分会的稳定和发展。

凝心聚力、填补空白。2020年，分会按照协会的委托，负责牵头组织"化工建设工程监理规程"（以下简称"规程"）课题研究工作，这是协会为推进监理服务标准化建设工作而开展的五个重要课题之一。在分会的精心组织、周密部署下，各会员单位积极参与，责任到人。规程课题研究做到了匠心编制、细致审核，反复论证、力求完善，标准验收、合格达标；规程内容科学合理、可操作性强，与现行相关标准相协调，总体达到国内先进水平；规程实施后填补了我国化工工程监理工作无标准规程可循的空白。

百尺竿头、更进一步。2022年8月以来，根据住房和城乡建设部有关精神和协会要求，分会组织会员单位成立注册监理工程师继续教育教材《化工石油工程》修订编写组。我们分工合作，查找资料，召开座谈会，征求意见和建议，几易其稿。目前圆满完成第一稿，已作为国家化工石油工程专业注册监理工程师继续教育用书。

不忘初心、牢记使命。30年来，我们拥有了一批技术过硬，富有服务意识和奉献精神，具有前瞻性眼光的会员单位，我们培育了应对危机的能力，一步一个脚印走上发展的快车道。化工监理分会将继续秉承协会宗旨，一如既往地不断开拓进取，勠力同心，创新融合，通力合作，凝聚正能量，开创新辉煌。在化工建设工程高质量发展时期，让中国监理行业因我们的努力而更加绚丽多彩。

风雨同舟　砥砺前行

——我与协会

杨卫东

上海同济工程咨询有限公司

时光荏苒如白驹过隙，往事依稀若素月流空。从1992年初出茅庐、不知监理是何物的同济毕业生到如今对监理行业饱含热情和感情的一名监理老兵，整整走过了31年。忆往昔，心潮澎湃、感慨万千，工程监理伴随着我一生的成长，许许多多领导、教授、专家曾给予我悉心的指导、谆谆的教诲，同时又有许许多多同行、同事、朋友给予我无私的帮助和关怀，往事种种譬如昨日，仍历历在目，令人永生难忘。

记得1998年上半年接到中国建设监理协会通知，有幸参加《建设工程监理规范》第一版的起草和编制工作，自此与中国建设监理协会结下了不解之缘。那时的我是编制组最年轻的成员，资历尚浅，诚惶诚恐，但协会的领导、资深的专家和老师们给了我巨大的鼓励和信心，使我对中国的工程监理有了全面、系统的了解，也加深了我对中国监理伟大事业的信念和坚守，工程监理也成为

我一生追求的目标和理想。在后续的25年时间里，很庆幸能有机会先后参加了协会组织的许多活动，诸如监理合同示范文本，监理规范，注册监理工程师管理文件，项目管理试行办法和合同范本，建筑法，全过程工程咨询技术服务标准，第七、八届全国监理工作会议等一系列文件、课题、教材的研究、起草、编制和修订工作，参与了中国建设监理协会大量的调研和培训工作，同时也有幸作为内地注册监理工程师与香港建筑测量师互认工作组成员参加了全过程的洽谈、培训和互认工作。近几年，根据监理行业发展需要，作为协会专家组成员参与了协会大量团体标准的审定工作。

在25年参与协会的工作过程中，协会领导和同事也给了我大量与国内同行、地方协会交流学习的机会，结识了行业众多优秀的专家、学者和企业家，开阔了视野，为我所在企业的不断探索和实践提供了思想源泉。协会先后授予

我全国先进监理工作者、中国工程监理大师等众多崇高的荣誉，在此真诚表达我的感激之情。

中国建设监理协会，是改革开放以来工程建设领域成立较早的全国性行业协会之一。多年来深度的工作接触，使我深刻感受到，协会秉持"提供服务、反映诉求、规范行为、促进和谐"的原则，始终不忘初心、牢记使命，紧密团结和组织全行业力量，致力于工程监理制度的建设和完善，致力于工程监理行业的改革和发展，致力于为会员提供优质高效服务，不断推进行业可持续、高质量的发展，推进行业社会责任的切实履行。

风雨同舟、砥砺前行，热烈祝贺中国建设监理协会成立30周年，并再次表示真诚的感谢！衷心祝愿中国建设监理协会将继续引领工程监理行业开创新局面，实现新跨越，再创新辉煌！

我与协会

龚花强

上海市建设工程监理咨询有限公司

时光荏苒，回首过去的岁月，发现我与协会的故事已经贯穿了近 20 年。我于 1986 年底以工程技术咨询的合同为当时上海利用外资银行贷款建设的海伦宾馆项目提供现场工程质量、技术咨询服务，1988 年全国试行建设监理，发现海伦宾馆的工程技术咨询服务内容与建设监理的内容基本一致，建设单位就同意将我们的技术咨询服务合同变更为建设监理合同。这是我所从事的第一个建设监理项目。1992 年，我通过了全国首次注册监理工程师考试，拿到了人生中第一张执业注册证书，这是我职业生涯中的一个重要里程碑。从那一刻起，我长期投身于建设监理工作之中，肩负着诸如广州白云国际机场、虹桥枢纽和上海环球金融中心等大型工程的总监理职责。为此，我于 2008 年荣幸地被授予"中国工程监理大师"荣誉称号。这份殊荣，不仅仅是对我的认可，也是对建设监理行业的认可，更是我与协会共同努力的见证。

回想起自己的成长经历，与监理协会的种种合作与工作密切相关。刚开始与协会接触，主要是协会帮助我们企业办理资质申请、变更以及执业资格注册等相关服务，同时，会组织一系列的经验交流活动。自从 2005 年以后，我逐步参与协会组织的一系列活动，其中包括每年的注册监理工程师考试命题研讨、监理示范合同文本的制定、监理规范的修订编制，以及参与大量的协会课题政策研究和监理工作经验交流培训等活动。这些活动的参与不仅仅是一份责任和义务，更是我与协会之间密不可分的情感纽带。

每次参与协会组织的工作研讨、标准编制等系列活动，成了我生活中一道最为期待的风景线。我与全国各地从事监理行业的学校老师、行业专家以及协会领导相聚一堂，让我深入地了解了行业的发展趋势和前沿技术，分享各自的监理工作经验，探讨监理工作中遇到的难题与挑战。这样的交流不仅让我增长了见识，还为我点燃了对监理事业的无尽热情。特别是参与的监理示范合同文本及建设工程监理规范的修编工作，由于凝聚了各领域专家实践经验和专业知识，致力于提高监理工作的质量和效率，让我更清晰地明确了监理工作的标准工作程序和要求。这样的研究工作让我保持着持续学习的态度，时刻关注着行业的变化和创新。同时，能够为这些工作作出自己的贡献我感到无比荣幸，与其他专业人士们共同努力，推动着监理行业的发展。

如今，中国建设监理协会已经成立 30 周年，自从协会成立以来，它为我们企业提供了一个同行之间共同交流、学习和进步的平台，为监理行业的发展不断地完善和制定新的标准，同时，也为行业和政府主管部门之间搭建了一个沟通的桥梁，为建设监理行业的发展作出了巨大的贡献。展望未来，协会一定会继续成为监理行业发展的中流砥柱，为推动工程建设的安全、高质量和可持续发展作出更大的贡献。我为能够与协会同行们一起工作感到自豪，并为自己选择了这个充满挑战和机遇的职业而骄傲。让我们携手并进，共同开创监理事业的美好未来！

十年

宋　丽

云南省建设监理协会

十年，弹指而过。似是眨眼之间，从2013年进入云南省建设监理协会成为一名社会组织从业人员已经足足十年了。十年间，我从一名普通的信息员到负责信息部，参与了协会工作的方方面面。一路走来，我亲历了协会党支部的成立、与行政机关脱钩、社会组织5A评审、工程监理行业地方标准的编制、公益活动、政府采购项目实施、协会两次换届等大事件。虽然，在诸如此类大事件中，我只是其中一颗小小的螺丝钉；虽然，我所做的工作是一名普通的协会工作者应该做的。但是，我深知，要数年如一日地把这些看似普通的、重复的、简单的工作做好做实，事实上也并不容易。

2018年，协会经向云南省住房和城乡建设厅申报同意后，抽调行业专家开始组织编制云南省工程监理行业首部地方行业性标准《云南省建设工程监理规程》。在近三年的编制过程中，在一次又一次的讨论会上，在微信工作群里密密麻麻的留言中，在云安会都封闭奋战的3天2夜里，我从每一位领导和专家的身上，切身感受到了那种为了行业的健康发展而忘我工作的奉献精神。我原本认为，这只是一项工作任务，而当我看到那位满头白发的老专家，为了研究标准中某个定义的科学性和可操作性问题而坚持和大家一起工作到凌晨两点的时候，我顿时明白了，这哪里只是一项工作，这分明是一种担当，是使命感和责任感最真实的具体表现。

成为一名协会工作者以来，我时常在思考，作为社团组织，毋庸置疑的"服务"是核心宗旨，协会不仅要服务好会员，还要服务好行业、服务好政府、服务好社会，那么，身在其中的我们，除了认真地做好本职工作外，还能为此做点什么呢？

记得有一次，我收到了一条求助信息，是我们会员单位的联络员，他说企业在资质升级上遇到了困难，连续三年申报甲级都没有通过，他们从负责人到办事人员都非常的苦恼，不知道怎么办了！看得出来，他很焦灼。我当即联系上他，告诉他，这件事可以按照流程向协会申请启动专家咨询服务。协会专家委员会的部分专家亦是住房和城乡建设部的资质审查专家，可以帮助他们在申报前梳理和检查申报材料的准确性和完整性，最大可能地降低被退回的概率。

最后，在那一年他们终于升甲成功了。事后，联络员专门给我打了个电话，他既高兴又感激的情绪，哪怕是隔着长长的电话线，也轻易地感染了我。

结束通话后，我陷入了沉思。是啊，这样的事情，在我们这里，是只需要按照流程去实施的一项工作，仿佛再简单不过，成败也似乎无关痛痒，但是，对于会员单位，很有可能就是经历了一件切肤之痛的大事、难事。想明白这一点之后，在与会员单位和对外的联系与沟通过程中，我开始更加关注细节，通过各种渠道信息的解读，了解和发掘对方的痛点、难点和需求点，在职责范围内尽自己最大的努力帮助他们解决各种各样的、琐碎的，甚至看似不起眼的小问题。在我看来，事情不分大小，职位不论高低，不卑不亢，脚踏实地地做好每一件事，才是人生该有的态度。

这十年，在历史的长河中转瞬即逝。这十年，在我的生命中举足轻重。这十年的工作教会我，只要不忘初心、牢记使命，哪怕是一名普普通通的协会工作者，哪怕做的都是琐碎重复的工作，哪怕是小小的一滴水，也可以努力地迸发出属于自己的光芒。

我与协会的故事

苏智权

广州建筑工程监理有限公司

作为一名从业 27 年的建筑人，有幸见证了建筑行业的巨大变化，深深感受到了监理角色的重要性。在我的职业生涯中，中国建设监理协会始终陪伴着我，成为我事业中不可或缺的一部分。今天，我和大家分享一下我的故事。

还记得，那是 1996 年一个晴朗的早晨，我还只是一个刚刚毕业的学生，没有经历过工作的洗礼。当我第一次走进工地，深深感受到监理工作的重要性。在工地上，我看到同事们为做好项目的安全、质量工作夜以继日地忙碌着，每时每刻都为管控好项目工作奉献自己的青春。在那一刹那，让我想到自己未来的职业道路，决定成为一名监理工程师，为监理行业及建筑行业的发展贡献自己的力量。

从那个时候开始到现在，我见证了建筑行业的发展和监理行业的变化。中国建设监理协会也在这个时期逐渐成长起来。记得当时的监理审查制度还不太完善，有些施工单位为降低成本，使用假冒或低劣材料，而当时的监理工作重心侧重于安全工作的把控，对质量监管较为松懈。在这样的环境下，中国建设监理协会应运而生，成为监理工程师们的明灯，为监理日常工作提供了一系列指导。同时协会不仅致力于推进建筑监理的规范化和标准化，还在监督工程安全和质量方面作出了巨大的贡献。

在我职业生涯的早期，中国建设监理协会是我学习的主要平台，通过每年参加协会组织的培训和讲座，增强了我的专业水平和技术能力，也结识了一批志同道合的同行。协会也向我提供了很多机遇，让我在监理岗位上逐步成长。

时间一晃而过，转眼间已经过去了 30 年，中国建设监理协会也迎来了自己的 30 周年纪念。在这个特殊的时刻，我想到了自己在监理岗位上走过的艰辛和欣喜，也想对协会说一声"生日快乐"。回顾过去 30 年，协会始终致力于规范和推进建筑监理的发展，得到了社会各界的高度认可。

在庆祝协会成立 30 周年的时刻，我想我们也需要对监理行业的未来有清晰的规划和期望。随着国家对监理工作的要求及重视程度不断提高，监理人员的工作压力和责任也随之加大。监理工作的标准化和规范化问题仍然亟待解决，而且新兴技术的应用和国际化视野的拓展也需要我们加倍努力。在这个过程中，协会和监理工程师们需要保持一颗发展的心和一份奉献的精神，迎接未来监理行业的挑战。

作为一名监理工程师，我感到非常自豪和荣幸，能够与中国建设监理协会一同成长和发展。在未来的工作中，我将继续立足监理岗位，努力工作，推动行业的发展，为中国监理工作的规范和标准化作出自己的贡献。我相信，在中国建设监理协会的引领下，监理行业一定会迎来更美好的明天。

一路同风雨　今朝新征程

——我与协会的不解之缘

李三虎

西安普迈项目管理有限公司

2023年是中国建设监理协会成立30周年，也是西安普迈项目管理有限公司建司30周年，我们与协会缘自"监理"，缘在"30"！我监理生涯的往事一幕幕回现于脑海……无论对于我个人，还是我所执业的西安普迈项目管理有限公司及中国建设监理协会来说，"30"既是一个平凡的数字，更像一个催人奋进的符号！

一、人生序曲，监理之缘

作为一名入行23年的监理人，我的监理执业生涯虽没有"30年"这般厚重绵长，但跟随协会和监理行业发展一路走来，同样备感骄傲与自豪！我曾是中国人民解放军基建工程兵的一员，经过了军校培养，随裁军集体转业至中建七局，后调至国有西安仪表厂从事基建管理工作。世纪交替之际，不惑之年的我在国企改革浪潮中再次站到了人生的十字路口，踌躇徘徊中，"建设工程监理"事业向我抛来橄榄枝，仿佛黑夜中的一盏明灯，引导我对人生做出了新的选择！

二、笃定信念，勇往直前

2001年，我有幸加入了西安普迈项目管理有限公司（原西安市建设监理公司）担任技术负责人，心怀知遇之恩，我不断学习创新，充实提升，与企业、监理事业共同进步。

我初入监理行业时，正值国家政策

要求中介服务企业与政府脱钩改制，压力与机会同时呈现。普迈作为当时为数不多拥有房屋建筑与市政公用工程甲级的监理企业，与西安市的城市建设同步发展，历经两次改制、两次更名，与政府脱钩，成为真正寻求自身发展的市场主体。2004年6月起我被聘为公司总经理，作为主要负责人，带领公司高层管理团队探索企业的发展方向，一路披荆斩棘。引入现代企业法人治理机制后，员工队伍逐渐扩大，企业获得了快速发展。2019年7月我当选公司董事长并担任公司党支部书记，一份沉甸甸的责任，鞭策我努力学习党和政府支持发展民营经济、监理行业转型升级新理念，确保了企业在党建引领、高素质人才队伍建设、数字化创新方面开拓前行。公司现有员工逾千名（各类执业注册人员300多人），拥有工程监理综合资质，成为受政府主管部门关注并重点支持发展的"规上"建设咨询服务类企业。

回首过往诸多经历中，最令我受益的就是历次参加中国建设监理协会组织的会议交流活动，不断拓宽我的视野。30多年来工程建设监理行业发展高低起伏，国家行业政策导向的不断调整、工程监理安全责任的界定，甚至监理无用论、监理资质可能取消等言论，使每一个监理人都曾有过迷茫。但每到此时，中国建设监理协会都能适时架起政府与企业的桥梁，为整个监理行业发展掌舵定航，引领监理行业前行，坚定了我带领企业创新发展的信心。

三、转型升级，续写辉煌

随着《国务院办公厅关于促进建筑业健康发展的意见》（国办发〔2017〕19号）等系列文件发布，整个监理行业进入转型升级、信息化创新、高质量发展新时代。协会组织的一次次关于转型升级的交流会再次成了监理人前进路上的信标，为监理企业创新推进全过程工程咨询工作，加快实现转型升级指明了方向，使监理行业又一次焕发出勃勃生机。

中国建设监理协会近年来组织完成的多项工作，诸如《工程监理企业发展全过程工程咨询服务指南》《监理工作信息化管理标准》等系列行业规范、团体标准的制定，相关课题的研究，使期望加快转型升级、求得创新发展的监理企业从中受益，获得力量。

紧跟监理协会引领步伐，普迈有幸成为陕西省第一批全过程工程咨询试点企业，踏上了转型升级新征程。我们以协会文件和会议精神为指导，更新升级数字化管理平台，以BIM等技术手段为支撑，用数字化管理手段穿针引线，着力开拓项目管理和全过程工程咨询业务，搭乘党的二十大鼓励发展民营经济的新政，奋进新时代，开启新征程。

今朝我虽已花甲，但有幸见证协会三十而立！企业三十而立！尤为自豪，感慨万千，同时也信心满满！衷心祝福中国建设监理协会30周年华诞，普迈愿与协会风雨同舟，勇毅前行，续写转型升级、创新发展的新篇章。

浅议监理三十五年

王学军

今年是工程监理制度建立35周年、中国建设监理协会成立30周年，让我们回顾监理发展历程，探索监理发展途径，展望监理发展蓝图，共同促进监理事业进一步健康发展。

工程监理制度，是我国为适应改革开放需要，完善工程咨询服务模式，提高建设工程质量安全，吸收国外工程建设管理经验，结合我国国情建立的具有中国特色社会主义的工程建设管理制度。多年来，监理行业在建设主管部门的指导下，在建设各方的支持下，在监理协会引领下，全体监理从业者紧跟时代发展和建筑业改革形势，不断适应建设组织模式、建造方式、咨询服务模式变革，加强标准化建设，推进信息化与数字化融合发展，促进监理信息化管理、智慧化监理。在全体监理从业人员的共同努力下，监理行业一直在螺旋上升的发展阶段，监理队伍茁壮成长，监理成果不断涌现。

监理行业始终以习近平新时代中国特色社会主义思想为统领，守住初心，担当使命，在对业主负责的同时发扬对人民负责、技术求精、坚持原则、勇于奉献、开拓创新的精神，在"工程卫士、建设管家"的使命中奋勇担当，为

推动工程建设高质量持续发展作出了积极贡献。

1988年国家推行工程建设监理制度以来，大江南北、长城内外、大漠深处、雪域高原、境外援建处处都留下了监理工作者的足迹。履行监理职责、保障工程质量成为监理工作者追求的人生价值。35年来工程监理队伍不断发展壮大。据统计（不含水利、交通行业）2021年底全国有监理企业1.24万家，从业人员166.96万人，注册监理工程师25万余人，营业收入5248.84亿元。企业经营规模和经营范围不断扩展，全国监理企业年营业收入超过3亿元的有41家，超过2亿元的有100家，超过1亿元的有295家。

工程监理法规制度逐步完善，监理工作正在走上规范化、标准化发展道路，监理服务效率和效能进一步提升。改革开放以来，我国经济建设高速发展，工程建设项目逐年增多，城乡面貌日新月异，基础设施建设取得了辉煌成果。据不完全统计，全国建设公路480余万公里，其中高速路14余万公里，铁道建设13余万公里，高铁突破3万km。建设机场200余座，世界十大悬索桥、斜拉桥、跨海大桥中国各占约7座，世界

10大港口中国占7席。建设中高层房屋34万多幢、百米以上超高层6000余幢，西气东输、西电东送工程，北京亚运会、奥运会工程，上海世博会工程，各地地标建筑，园博园工程等，在庞大数量工程项目建设中，监理发挥的作用是有目共睹的。这些成绩的取得，是与广大监理工作者的辛勤耕耘、默默奉献分不开的。展现了监理人艰苦创业、甘于奉献的宽阔胸怀；展现了监理人坚持标准、攻坚克难的优良品质，以实际行动诠释了新时期监理人五种精神的丰富内涵，生动展现了当代监理人昂扬向上、奋发有为的精神风貌。

现阶段，国家还处在高质量快速发展时期，基础设施建设工程投资还在逐年增长。但在我国工程建设领域法规不健全、社会诚信意识薄弱，规范有序的建筑市场还没有完全形成，监理保障工程质量安全仍然是一支不可或缺的队伍。监理从业者要坚持监理制度自信、监理成果自信、监理能力自信、监理发展自信，毫不动摇地履行好监理职责，做好工程监理与工程咨询工作，为国家经济建设作出应有贡献。

当前制约监理行业健康发展的因素较多，突出的问题主要有两个方面：一

是监理行业资源分配不公、监理额外工作多、监理安全责任压力大制约行业健康发展；二是监理地位低、履职无保护、收费偏低且不按时付费，严重影响监理作用的发挥。

依据国家目前政策导向，未来发展绝大部分监理应立足在施工阶段监理，履行质量安全监管和安全生产管理，这是监理队伍的主要工作，也是监理制度的基石。监理发展要走信息化管理、智慧化监理、诚信化经营的道路。

建筑业建造方式的变革对监理而言，既是机遇也是挑战。装配式、智能建造的推行对监理能力提出了更高的要求。监理行业只有紧跟建筑市场变化，适应建筑市场咨询服务需求，才能保持旺盛的生命力。为此，监理企业要重视做好以下工作。

一、高度重视党的建设

全面坚持党对一切工作的领导是中国特色社会主义的主要政治特征。监理企业要将党的建设列入重要议事日程，发挥党组织在工程项目监理与咨询中的战斗堡垒作用，积极推进建设工程项目临时党组织建设，将党和国家高质量发展的要求，党和国家在新时期对工程建设提出的重大举措贯彻落实到工程监理与咨询工作中。工程监理从业者要进一步提高政治站位，增强服务党和国家工程建设工作大局的政治自觉和行动自觉，要努力发扬监理人的五种精神，将保障工程质量，维护国家财产和人民生命安全作为工作的出发点和落脚点。积极发挥党员的先锋模范作用，将监理企业做优做强，将工程监理与咨询业务做专做精，有能力的监理企业积极向"项目管

理"和"全过程工程咨询"方向发展。能力较强的监理企业，积极响应党中央提出的"一带一路"倡议建设，将中国特色工程监理推向世界。加强与国外同业合作，实现优势互补、互利共赢。

二、积极推进诚信建设

诚实守信是文明和谐社会的主要标志，也是企业长足发展的基石。国家高度重视社会信用建设，提出社会信用体系建设纲要，整合社会力量褒扬诚信、惩戒失信，稳步推进信用社会建设。住房和城乡建设部建立了建筑市场监管"四库一平台"构建以信用为基础的监管机制，协会在行业会员信用建设方面也做了大量工作，在单位会员范围内开展了信用评估，积极促进信用成果运用。重承诺、守信用良好风气正在监理行业形成，诚信经营、诚信履职越来越被行业从业者重视。监理企业应重视信用体系建设，建立完善信用建设机制，积极参加政府、行业组织的信用评价（估）活动，认真落实行规公约，职业道德行为准则，不断提高从业人员廉洁履职意识，树立正确的价值观和信用观。加强对从业人员信用情况和职业道德行为的监督检查，大力弘扬正能量，惩戒失信和不廉洁行为。努力促进监理从业人员做人守信、做事诚实。

三、加强专业队伍建设

随着中国特色社会主义市场经济发展，国家推进供给侧结构性改革，各行各业都在推进结构调整以适应市场经济发展需要。监理企业要适应建设组织模式、建造方式、服务模式变革，加强信

息化管理能力、智慧化监理能力、核心竞争力建设，尤其是要加强人才队伍建设。监理是一项关系国家财产和人民生命安全的工作。近些年项目建设规模越来越大、复杂程度越来越高，对工程监理与咨询服务人员素质要求也越来越高。因此培养监理人员过硬的政治素质和良好的业务素质成了行业组织和监理企业的重要工作。在政治上要通过系统教育，使监理人员树立爱党、爱国、敬业、诚信、廉洁的思想和职业道德修养；在业务上通过工程监理法律法规、标准规范、团体标准学习，经验交流、业务培训和知识竞赛等活动，提高监理人员专业能力和技术水平，以适应建筑市场对工程监理与咨询人才的需求。

全过程工程咨询服务的推行，对监理行业发展而言既是机遇也是挑战。有能力的监理企业要根据自身实力在组织架构、人才结构、专业能力培养等方面作出相应调整，积极参与此项工作，力争跨入全过程工程咨询行列。工程质量保险和政府购买监理服务为监理拓展业务带来了新的机遇，工程监理企业要积极适应工程监理与咨询服务对象的变化，探索工程监理企业参与建筑师负责工程、保险公司聘用和政府购买监理服务的需求，培养专业监理与咨询服务人才，更好地履行监理与咨询职责。

四、重视标准化建设

标准是经济活动和社会发展的技术支撑，是国家治理体系和治理能力现代化的基础。落实国家深化标准化工作改革，加快推进监理行业标准化建设，运用标准规范行业自律管理、企业管理和监理工作，发挥团体标准在规范监理履

职和加强会员管理中的支撑作用。

中国建设监理协会结合会员管理和行业发展需要，规划了行业标准建设体系，组织行业专家陆续研究制定了房建、市政有关监理工作标准、人员配备标准、工器具配备标准、人员职业标准、企业管理信息化标准等，目前管理标准和技术标准正在完善。监理企业应以团体标准为导向，把团体标准作为促进行业自律管理、提高工程监理与咨询服务质量、控制工程质量安全、创建服务品牌的依据和把手。同时监理企业要建立促进企业管理和工程监理与咨询的标准化工作机制，根据管理和工程监理与咨询市场需要，建立健全以技术为主体，包括管理标准和工作标准的企业标准，运用标准化手段，规范企业管理，提高工程监理与咨询服务效能。

五、重视管理和监理科技建设

国家处在信息化和数字化融合发展时期，信息化管理代替传统管理、智慧化监理接替传统监理是时代发展的必然趋势。监理企业要紧跟时代发展步伐，将现代通信和网络技术运用于企业管理和工程监理与咨询工作中，有效提高企业管理效率和效能。如企业 OA 办公软件、掌上办公软件、智慧监管平台、项目管理软件、视频监控等信息化管理手段的应用，已成为大中型监理企业管理的主要方式，信息资源得到了有效集中和充分运用，极大地满足了监理企业管理的需求，也为企业带来一定的经济效益。将信息化与智能化融合，必然改变传统的监理和咨询服务方式。工程监理企业要运用计算机、通信和网络技术，加快推进信息化与智能化融合发展的步伐，改变传统的工程监理与咨询服务方式。建筑信息模型（BIM）、遥控无人机、3D 扫描仪、深基坑检测仪、安全预警设备等智能科技产品在工程监理与咨询工作中的应用，有效地提高了工作效率和效能。随着人工智能的发展，智慧城市建设、智能建造在我国悄然兴起，工程监理与咨询工作要适应新型的建造方式，不断提高工程监理与咨询科技含量。当前在工程监理与咨询工作中应采取视频监控与人工旁站、无人机巡航与人工巡查、智能设备检测与平行检验并行的方法推进监理工作科技进步。智慧监理与服务可以最大限度地减少人为因素，有效提高工作效率和效能，更有效地落实监理的职责。随着工程监理与咨询智能软件和设备的研发运用，工程监理与咨询服务必将逐步走上智慧监理与服务的道路。

延服务　树品牌　强管理　选人才
为推动实现企业高质量发展赋能蓄力

魏和中

甘肃省建设监理协会、甘肃省建设监理有限责任公司

2022 年，甘肃省建设监理有限责任公司被认定为高新技术企业，同时取得监理行业工程监理综合资质，为打造全国大型监理一流企业奠定了坚实基础，夯实了高质量发展的压舱石。公司中长期发展目标及战略部署迎来重要调整机遇。

通过对 2016—2021 年各相关数据指标的搜集整理，笔者从技术力量、经济指标、资质专业、区域优势四个方面分别对全国监理企业、甘肃省监理企业、甘肃省建设监理有限责任公司（以下简称"甘肃省建设监理公司"）的现状进行了深入的分析研究，结合行业现状及公司实际，提出公司未来中长期发展战略规划。

一、技术力量

（一）全国

2021 年，全国共有 12407 个建设工程监理企业参加了统计，与往年相比增长 25.32%。其中，综合资质企业 283 个，增长 15.04%；甲级资质企业 4874 个，增长 20.76%；乙级资质企业 5915 个，增长 30.23%；丙级资质企业 1334 个，增长 24.21%；事务所资质企业 1 个，减少 50%。具体分布见表 1~ 表 3。

2021 年，监理企业从业人员 166.96 万人。其中，正式聘用人员 109.84 万人，占人员总数的 65.79%；临时聘用人员 57.12 万人，占人员总数的 34.21%。监理从业人员 86.26 万人，占人员总数的 51.67%。

注册监理工程师 25.55 万人，占人员总数的 15.30%；其他注册执业人员 25.49 万人，占人员总数的 15.27%。监理注册人员与其他业务注册人员基本持平。

2016 年到 2021 年，我国建设工程监理行业从业人员及执业人员均稳步增长。与 2016 年相比，2021 年建设工程监理行业从业人员增长 67%，执业人员增长 50%。我国建设工程监理行业人员队伍的增长与高素质专业人员队伍的发展壮大基本吻合，有利于推动我国建设

全国建设工程监理企业按地区分布情况　表 1

地区名称	北京	天津	河北	山西	内蒙古	辽宁	吉林	黑龙江
企业个数	400	137	378	252	130	301	236	182
地区名称	上海	江苏	浙江	安徽	福建	江西	山东	河南
企业个数	271	985	996	958	1147	333	664	454
地区名称	湖北	湖南	广东	广西	海南	重庆	四川	贵州
企业个数	413	400	802	357	97	209	663	106
地区名称	云南	西藏	陕西	甘肃	青海	宁夏	新疆	
企业个数	244	123	643	201	113	92	120	

全国建设工程监理企业按工商登记类型分布情况　表 2

工商登记类型	国有企业	集体企业	股份合作	有限公司	股份有限	私营企业	其他类型
企业个数	696	41	49	4913	769	5658	281

全国建设工程监理企业按专业工程类别分布情况　表 3

资质类别	综合资质	房屋建筑工程	冶炼工程	矿山工程	化工石油工程	水利水电工程
企业个数	283	9571	23	45	149	151
资质类别	电力工程	农林工程	铁路工程	公路工程	港口与航道工程	航天航空工程
企业个数	483	16	54	79	9	10
资质类别	通信工程	市政公用工程	机电安装工程	事务所资质		
企业个数	60	1460	13	1		

工程监理行业的持续健康发展（图 1）。

（二）甘肃省

2021 年，甘肃省监理企业 201 个，其中综合资质 2 家，甲级 94 个，一级 79 个。监理从业人员 1.90 万人。注册监理工程师 5379 人，占人员总数的 28.31%；其他注册执业人员 1016 人，占人员总数的 53.47%。

（三）甘肃省建设监理公司

截至 2021 年底，公司职工总数为 404 人。其中，正式聘用人员 368 人，占人员总数的 91.09%；人事代理职工 34 人，占人员总数的 8.41%；临聘 2 人，占人员总数的 0.50%。

注册监理工程师 130 人，占人员总数的 32.18%；其他执业注册人员 57 人，占人员总数的 14.12%。

与 2016 年相比，公司职工人数增长 79.60%，是全国增长速度 39% 的 2.04 倍；执业人员增长 154.10%，是全国增长速度 60% 的 2.57 倍（图 2、表 4）。

（四）对比分析

1. 技术力量占有明显优势。公司注册监理工程师数量达到了职工总数的 38.33%，所占比例是全国监理企业平均数的 2.5 倍。还有注册造价工程师 19

人，注册一级建造师 48 人。技术人员主要专业为建筑工程、工程造价、工程监理、工程管理、工程测量、电气工程、建筑环境工程、道路桥梁工程、给水排水工程、水利水电工程、化工工艺等，公司高素质专业人才队伍的增长幅度远大于职工队伍的增长幅度，高端人才聚集、技术力量雄厚、专业配套齐全、年龄结构合理、科研创新能力突出，这样一支队伍是保证公司高质量发展的强大支撑。

2. 业务转型严重滞后。全国监理企业中，51.67% 的人员从事监理业务，48.33% 的人员已转型从事其他业务；公司 90% 以上的人员从事监理业务，不足 10% 的人员从事招标代理、造价咨询、BIM 技术咨询等业务。从注册人员比例来看，全国监理企业注册监理工程师与其他注册执业人员数量各占 50%；公司注册监理工程师占总注册人数的 69%，其他注册执业人员占注册人数的 31%。

与全国监理企业从业人员和注册执业人员比例相比较，公司业务转型差距明显，滞后严重。

3. 用工制度需要改革。全国监理企业从业人员中，65.79% 为正式聘用，34.21% 为临时聘用；公司 90.66% 为正式聘用，9.34% 为临时聘用。

公司近十年来一直致力于企业做优做强的基础夯实，稳定队伍、提升资质、确立行业发展优势、培育核心竞争力、培养技术力量、锻造优良的企业文化，这些目标已经基本实现。今后，在巩固优和强的基础上稳步做大，用工制度的改革应适当提高临时聘用人员的比例。

二、经济指标

（一）全国

2021 年，全国监理企业营业收入 9472.83 亿元。其中，监理费收入 1720.33 亿元，占总营业收入的 18.16%；勘察设计、招标代理、造价咨询、工程项目管理与咨询、工程施工及其他业务，占总营业收入的 81.84%。

全国监理企业营业收入 3 亿元以上有 41 家，2 亿元以上有 100 家，1 亿元以上有 295 家。监理人员人均营业收入 17.63 万元。

从全国监理企业的营业收入和工程监理业务的营业收入及增长率趋势图可以看到（图 3、图 4），2021 年行业的增速明显提高，行业增长率 31.97%，相对较高。2016 年到 2021 年，监理业务的年平均增长率为 7.66%，2020 年、2021 年，监理业务增长率分别为 7.04%、8.15%，这一数据是客观合理的。

（二）甘肃省

2021 年，甘肃省监理企业营业收入 23.48 亿元。营业收入 1 亿元以上企业有 5 家。

监理人员人均营业收入 12.33 万元，低于全国水平 30.06%。

图1 2016—2021年中国建设工程监理行业及执业人数变化趋势图

图2 2016—2021年甘肃省建设监理公司职工人数及执业人数变化趋势图

职工年龄结构表				表 4
年龄区间	20~30岁	30~40岁	40~50岁	50~60岁
人数	137人	164人	68人	33人
比例	34.10%	40.80%	16.90%	8.20%

（三）建设监理公司

营业收入 1.02 亿元，职工总数 356 人，人均营业收入 28.65 万元，是全国平均水平的 1.51 倍。

从公司的营业收入及增长率趋势图可以看到（图 5），2016 年到 2020 年，公司营业收入的年增长率稳定在 15% 左右，是全国年平均增长率 7.66% 的 1.93 倍，公司的发展健康稳定、持续快速。

（四）对比分析

1. 收入稳定、队伍整齐。公司自 2010 年以来，营业收入稳步增长，2010 年至 2015 年年增长 25% 左右，2016 年至 2021 年年增长 15% 左右。职工年收入保持在 15 万元左右，收入高位稳定，干部与职工收入差距较小，学习氛围浓厚，干事创业激情高涨，队伍和谐稳定。

2. 业务单一、转型滞后。全国监理企业的业务已向工程咨询类转型，监理业务所占比例已不足 1/4。发达地区、大型企业走在转型的前列，勘察设计、全过程咨询是监理企业转型的方向。数据显示，监理业务的效益明显低于其他业务，监理企业 51.67% 的人员完成了 18.16% 的营业收入。

与全国监理企业的营业收入比例相比较，公司监理业务的营业收入超过总收入的 90%，业务单一，业务转型差距明显。

三、资质专业

（一）全国

《工程监理企业资质管理规定》的 14 个专业类别，其中，房屋建筑工程领域是建设工程监理行业占比最大的细分领域，占全行业营业收入的

45.39%；电力工程次之，营业收入占比为 15.77%；化工、石油工程营业收入占比为 8.42%，排名第三；水利水电工程营业收入占比 8.14%，排名第四；市政公用工程营业收入占比为 8.00%，排名第五；其他领域包括冶炼工程、通信工程、公路工程、矿山工程、机电安装工程、农林工程、航天航空工程和港口与航道工程，占比为 14.28%（图 6）。

（二）甘肃省建设监理公司

2021 年，房屋建筑工程领域占比最大，占营业收入的 85%；市政公用工程次之，营业收入占比为 7%；化工石油、

图3 2016—2021年中国建设工程监理企业营业收入及增长率趋势图

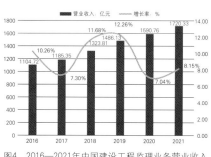
图4 2016—2021年中国建设工程监理业务营业收入及增长率趋势图

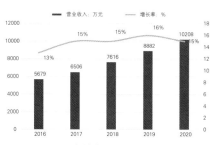
图5 2016—2021年甘肃省建设监理公司营业收入及增长率趋势图

机电安装、冶炼工程营业收入占比仅为 2%，其他营业收入 6%（图 7）。

（三）对比分析

1. 通过全国监理企业参与行业竞争的数量，可以计算得到行业竞争率。

通过表 5、图 7 可以看到，公司当前业务集中在竞争最为激烈的房屋建筑工程和市政公用工程行业，化工石油行业、冶炼工程刚刚跨入，电力工程、交通工程等 6 个行业市场为空白。

2. 业务领域布局不均衡。从表 5 可以看出，公司 92% 的业务来自竞争最为激烈的房屋建筑工程和市政公用工程；传统的化工石油工程的竞争率很低，整个西部地区又是中国工业布局的重点区域，公司专门成立了化工石油事业部拓展业务，五年来虽然取得了一些成绩，但业务拓展并不理想；电力工程、冶炼工程、水利水电工程、交通工程等业务才进入初期拓展阶段。总体来看，业务

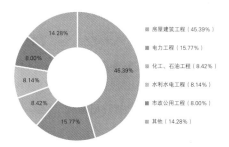
图6 2020年全国工程监理行业各资质领域相关企业营业收入结构图

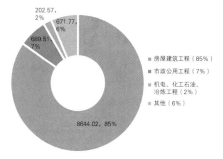
图7 2020年甘肃省建设监理公司行业细分领域营业收入结构图（单位：万元/%）

范围很窄，业务领域的布局很不均衡。

3.业务拓展空间较大。住房和城乡建设部于2020年11月30日颁布了《建设工程企业资质管理制度改革方案》，其目的是进一步放宽建筑市场准入限制，优化审批服务，激发市场主体活力。同时，坚持放管结合，加大事中事后监管力度，切实保障建设工程质量安全。

方案保留综合资质；取消专业资质中的水利水电工程、公路工程、港口与航道工程、农林工程资质，保留其余10类专业资质；取消事务所资质。综合资质不分等级，专业资质等级压减为甲、

乙两级。

资质改革的方案已经出台，但改革政策的落地实施还有一个过程。但是，我们在取得综合资质的情况下，一定要立即转变思路，拓宽视野，第一时间布局10个专业资质领域（表6）。

四、区域优势

从区域来分析，相邻的西藏、青海、宁夏、内蒙古都没有综合资质企业，市场前景广阔，竞争优势明显（表7）。因此，认真研究"一带一路"项目建设、

西部大开发政策、黄河流域生态保护规划、三江源国家公园保护，充分掌握项目规划信息，抢抓机遇，积极布局，是当务之急。

结论

通过以上四方面的综合分析研究，公司需在人才队伍建设、市场体系建设、企业文化建设等方面持续不断地优化治理结构，提升管理效能。将甘肃省建设监理有限责任公司打造成一支勇于奉献、能打硬仗的队伍，充满活力、积极向上的队伍，团结和谐、开拓创新的队伍。

（一）着力建设"三支队伍"

打造一支"政治引领、团结和谐、奉献作为"的领导班子队伍；锻造一批"担当作为、努力拼搏、勇于创新"的中层干部队伍；培养一支"技术一流、积极进取、爱岗敬业"的员工队伍。

（二）持续推进"家"文化建设

持续推进"家"文化建设，不断丰富"家"文化内涵，始终坚持以优秀的企业文化凝聚人，以奋斗的士气鼓舞人，以科学的机制激励人，为全体职工提供优越的工作环境、科学的执业规划和丰富多彩的文体活动，使职工深度融入"家"文化的氛围之中，享受快乐、开心工作、勇于奉献。

（三）业务发展定位

1.坚持"一轴四轮"的业务发展定位。"一轴"牵引，"四轮"驱动，实现快速稳定发展

"一轴"：工程监理。工程监理是建筑业勘察、设计、施工、监理等四大行业之一，是工程安全质量的有力保障。坚守主责主业，坚持以监理行业为发展的主方向，坚定不移地做强做优做大，

行业竞争率统计表 表5

专业领域	占全行业收入比例	参加竞争企业		行业竞争率
		企业数量	所占比例	
房屋建筑工程	45.39%	9571家	74.25%	1.64
电力工程	16.00%	483家	3.75%	0.23
化工、石油工程	8.42%	149家	1.16%	0.14
水利水电工程	8.14%	151家	1.17%	0.14
市政公用工程	8.14%	1460家	11.33%	1.39
其他领域	14.28%	1076家	8.35%	0.58

工程监理资质 表6

资质类别	序号	监理资质类型	等级
综合资质	1	综合资质	不分等级
专业资质	1	建筑工程专业	甲、乙级
	2	铁路工程专业	甲、乙级
	3	市政公用工程专业	甲、乙级
	4	电力工程专业	甲、乙级
	5	矿山工程专业	甲、乙级
	6	冶金工程专业	甲、乙级
	7	石油化工工程专业	甲、乙级
	8	通信工程专业	甲、乙级
	9	机电工程专业	甲、乙级
	10	民航工程专业	甲、乙级

西部地区建设工程监理企业按地区分布情况 表7

地区名称	内蒙古	西藏	甘肃	青海	宁夏	新疆
企业个数	130	123	201	113	92	120
综合资质个数	0	0	2	0	0	3

坚持把省建设监理公司建设成为"省内标杆、西部一流、国内知名"的工程建设监理咨询服务企业。

主要策略：扩大业务领域、拓展业务范围、抢占区域市场。

"四轮"：全过程工程咨询、政府购买服务、工程造价咨询、工程招标代理。目前，公司的"四轮"已经形成，但驱动力还很小，远不能推动主轴的高速奔驰。

主要策略：改革运营体系、持续拓展市场、扩大企业影响力。

2. 调整机构设置

为了适应"一轴四轮"的业务定位，对现有生产部门机构设置进行调整。

工程监理业务：设置6~8个监理事业部、4~6个专业分公司、5个区域分公司。

全过程工程咨询业务：设置"全过程工程咨询管理中心"。

政府购买服务业务：设置"政府服务管理中心"。

工程造价咨询业务：设置"工程造价咨询事业部"。

工程招标代理业务：设置"工程招标代理事业部"。

3. 加快业务转型

全国监理企业转型的方向主要是勘察设计、全过程咨询业务。公司转型的方向即大力发展"四轮"业务，做大做强"四轮"，支撑、驱动主轴更加平稳、快速发展。

4. 巩固省内市场

公司在甘肃省内市场份额只有5%左右。从区域分布来看，14个市（州）中，金昌市、陇南市、平凉市的市场为空白，张掖市、武威市、白银市、庆阳市四市各只有一个项目。均衡布局省内业务部门，扩大省内市场占有率是未来三年发展的基本定位，要持续坚持下去。

（四）优化完善用工体系

坚持市场化导向，优化完善用工体系，建立"主导用工、辅助用工、补充用工"三类用工体系，合理控制各类用工比例（图8）。

1. 以正式聘用员工为主导用工。正式聘用员工作为核心技术骨干和高端人才聚集群，引领带动技术进步、科研创新，形成技术一流、管理高效的总（代）监理工程师、专业监理工程师队伍。正式聘用员工占总数的75%。

2. 以人事代理员工为辅助用工。人事代理员工作为培养梯队，支持监理工程师、监理员岗位。经过考核、评比、评奖，具备一定条件后，可以转为正式聘用员工。人事代理员工占总数的10%。

3. 以临时聘用员工作为补充用工。临时聘用员工作为技术岗位、后期服务岗位的用工补充，以完成定额工作量的项目监理或后勤服务为依据，签订固定期限劳动临时聘用合同。临时聘用员工占总数15%。

新疆、西藏、青海、宁夏、内蒙古五省份除新疆具有3家综合资质企业之外，其他4省份没有综合资质企业，工程监理的技术力量相对薄弱，公司占有明显的区位优势，气候环境相近，语言交流畅通，交通快捷便利。因此，抢占市场先机，尽快完成区域布点，是历史留给我们的机遇。

主要策略：设立"新疆分公司""西藏分公司""青海分公司""宁夏分公司""内蒙古分公司"及"新能源分公司"。

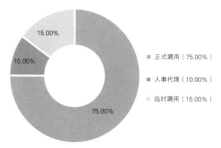

图8 理想的职工结构图

强化管理树品牌　创新理念聚人才

陈晓波

湖北省建设监理协会、铁四院（湖北）工程监理咨询有限公司

铁四院监理公司成立于1990年，为全国首批成立的工程监理企业之一，是铁路勘察设计领军企业中铁第四勘察设计院集团有限公司全资子公司，总部设在湖北省武汉市，是国家高新技术企业，持有住房和城乡建设部工程监理综合资质、交通运输部公路工程甲级、特殊独立隧道专项及特殊独立大桥专项资质，业务范围涵盖铁路、公路、城市轨道交通、水底隧道、独立大桥、房屋建筑、市政、机电等专业类别建设工程项目的施工监理、项目管理和技术咨询等业务。

现有员工1800余人，拥有全国监理大师1名，员工中持有住房和城乡建设部全国注册监理工程师证500余人、全国注册咨询工程师证60余人、全国注册安全工程师证100余人、全国注册造价工程师证50余人、全国注册一级建造师证50余人、全国注册设备监理工程师证50余人，交通运输部注册证100余人。

公司成立以来，坚持以国家重大工程建设为依托，以科技创新技术发展为动力，全面履行央企社会责任，参监的项目遍布全国：我国第一条实行监理制的铁路工程——侯月铁路；我国第一条客运专线——秦沈客运专线；我国第一条高标准高速铁路——京津城际铁路；世界上一次建成线路里程最长、标准最高的高速铁路——京沪高速铁路；我国第一条智能化

高速铁路——京张铁路；"一带一路"重点铁路项目——玉磨铁路、中老磨万铁路等，港珠澳大桥、平潭海峡大桥、沪苏通长江大桥、杨泗港长江大桥、狮子洋隧道、深圳妈湾跨海通道、江阴靖江长江隧道、海太长江隧道等跨江跨海超级工程。

累计获得鲁班奖、詹天佑奖、安装之星、国家优质工程奖、全国市政示范工程奖、火车头优质工程奖等30余项。荣获"中国建设监理创新发展20年工程监理先进企业""共创鲁班奖优秀工程监理企业"、湖北省"先进监理企业"、湖北省"五一劳动奖状"、重庆市"五一劳动奖状"等荣誉称号。

我国监理制度推行以来，监理行业得到了迅猛发展。作为工程建设五方责任主体之一，为工程建设发挥了重要作用，但也应该清晰地认识到，监理行业产业集中度不够、恶性竞争频现，监理企业核心竞争力不强、从业人员素质偏低、履职能力不足是不争的事实。借此机会，笔者结合铁四院监理公司近年来在党建引领、品牌树立、队伍建设三个方面交流些许做法和体会。

一、党建引领铸铁军，廉洁从业扬清风

围绕国企的使命担当，积极推动党

建工作与生产经营的深度融合，把党的政治优势、组织优势转化为企业的竞争优势、创新优势和发展优势。

（一）牢记国企姓党。紧紧围绕企业发展战略和生产经营开展党建工作，发挥党委把方向、管大局、促落实作用，将党建工作总体要求写入企业章程，落实党组织在公司治理结构中的法定地位，优化企业治理结构，建立党委决策事项和议事规则，完善制度流程建设，实现全面从严治党与从严治企的深度融合。

（二）支部建在连上。坚持"项目建设到哪里，支部就设到哪里"，以党建为纽带，与参建各方同频共振、同向发力，聚焦"安全、质量、廉洁"，发挥党组织对建设项目的推进督办、质量管控、安全保障、廉洁监督作用，推动打造精品工程、安全工程、廉洁工程。

（三）廉洁文化进工地。公司以落实"两个责任"为指引，以"零容忍"的廉洁文化管理机制，将廉洁考评和绩效考评紧密相连，持续推进廉洁"一票否决"的震慑作用。2021年，辞退履职不力、存在廉洁问题人员100余名，有效起到了震慑作用。把员工廉洁教育抓在日常、落到细处，开展常态化教育，公司领导到项目必谈"廉"，项目月度例会必讲"廉"，新员工入职受训必培"廉"，在项目工地全覆盖设置廉政监督牌，打通廉

洁举报直报通道。将"廉防廉线"引进工地,在慎独慎初慎微中不断推进廉洁从业,使讲规矩、守底线成为铁四院监理人的基本行为准则。2023年,成立了纪委,配备了纪委书记、纪委委员,加强纪检监督力量。

二、品牌建设赢市场,数智赋能强管理

近年来,铁四院监理公司坚持"经营承揽高端化、服务质量品牌化、管理手段智能化"的高质量发展思路,内强管理,外树形象,各项指标屡创历史新高,服务品质得到进一步提升。

(一)注重品牌建设,打造企业品牌。加强品牌建设是推动高质量发展的重要抓手和途径。抓品牌就是抓高质量,品牌建设水平的提升就是对高质量发展的有力推动。一是制定品牌建设实施方案。明确"高端化、品牌化"品牌建设发展目标,研究品牌建设实施对策。按照"做大需先做强"的发展思路,积极发挥技术优势,承揽了一批具有技术引领性和社会影响力的重大工程。二是强化重大项目的资源投入。紧紧抓住重大项目打造监理品牌的难得机遇,加大资源投入,加强技术支撑。实施重大项目检查督导制度,公司领导、副总工定期到重大项目检查督导,及时了解业主要求并认真予以反馈,以全方位的优质服务赢得业主肯定,从而获得专项领域先发优势。三是创立专项特色监理品牌。近年来,依托重大区域发展战略和重大项目建设,展示和打造了企业的品牌形象。公司相继承揽港珠澳跨海大桥、平潭海峡大桥、沪苏通长江大桥、杨泗港长江大桥、深圳妈湾跨海通道、江阴靖

江长江隧道、海太过江隧道、北沿江高铁崇太长江隧道和通苏嘉甬高铁汾湖隧道等监理项目,大跨度桥梁、大直径盾构隧道监理合同额累计超6亿元,打造了大跨度桥梁、大直径盾构监理品牌。

(二)推进管理创新,提升服务品质。一是创新推行"片区责任制"。分片区推行"公司副总经理+副总工+项目总监"的"三总"管理模式,制定目标,压实责任,不断加强对项目现场的检查督导和服务支持力度。二是着力提升现场服务质量。始终坚持"干好在建就是最好的经营"的观念不动摇,力求把每一个现场都要干到最好,坚决卡死安全、质量、工期、效益、环保、信誉"六条底线",通过高质量的现场服务,赢得更有尊严的市场经营。三是整章建制立规矩。结合市场形势和企业实际,不断完善修订规章制度,以制度规范行为,以制度引领行为,夯实管理基础,提高管理效能。公司制定了《经营管理办法》《安全质量奖惩办法》《机构考核实施细则》《个人考核管理办法》《员工薪酬管理办法》等规章制度。四是顺势而为补强短板。针对企业在科研技术、前期咨询等方面存在的短板,结合市场对管理集约型咨询服务企业需求的增加,在提升自身能力建设的同时,积极强化与各方合作,尤其注重融入协会组织,及时了解前沿信息,加强全产业链合作,弥补功能短板,从而提升企业综合实力,为业主提供一站式服务解决方案。

(三)智慧监理促升级,数智赋能赢未来。运用当下发展迅猛的5G、大数据、云平台等互联网技术,给传统的监理业务数智赋能,结合企业实际,研发建设了"品质监理"平台。通过使用品质监理平台,更加系统、直观和便捷

地开展建设工程监理工作,进而更好地确保工程质量、进度和安全。平台由"智慧大屏数据展示系统""后台管理系统""内业报审系统""手机APP移动监理系统"4大业务系统组成,实现了监理数据的移动化采集、内业报表的自动化生成、业务数据的云上存储、报审业务的线上审核、管控信息的数字化展示等效果。探索远程监理、智慧监理,监理人员通过手机移动端随时查看监控点,做到对工地现场"了如指掌";借助视频监控等技术进行日常巡检、工程测量,以及对重点部位、危险源部位进行定点查看,实现自动检测、及时预警。公司积极探索利用无人机巡检、传感器自动监控等先进技术在品质监理中推广应用;同时,致力于把"品质监理"平台逐步打造成标准化、模块化、智慧化和可提供个性化监理服务的数字化平台,对不同业务板块的监理项目提供更加个性化、模块化的监理服务,打好铁四院监理数字化发展这张"王牌"。

通过持续创新强化管理,不断提升自身管理水平,带动服务品质的不断提升,树立了口碑,赢得了市场,获得了赞誉。2021、2022年,公司新签合同连续成倍增长,利润指标翻一番。川藏铁路、武宜高铁、深圳地铁等一大批项目部获得业主好评,江阴靖江长江隧道工程总监办被江苏省交通工程建设局评为"匠心筑路人"团队,公司荣获2022年度深圳地铁突出贡献单位。

三、内培外引聚人才,注重绩效建团队

监理企业是知识密集型企业,其实力主要体现在高端人才的集聚度上。随

着监理市场履约要求的不断提高，以及按人计费管理模式的不断普及，对投入人员的数量和质量要求也在不断提高。

（一）加强培养力度，持续提升人才质量。一是严把人员招录关。坚守"宁缺毋滥"原则，以公司发展规划、专业结构、岗位需求为基础，严把招录关，注重职业操守、文化素质、专业技术水平和组织协调能力。二是提升高素质人才待遇。对全日制学历人员、获取注册证人员、有现场工作经验人员在待遇和培养上给予大力倾斜。三是助推员工能力提升。综合利用培训教育、薪酬福利、岗位晋升、取证奖励、职称评审等政策，激励和引导员工积极进取加强学习，多途径获取各类证书，不断提升综合素养和履职能力。近年来，培训支出不断增加，培训内容不断丰富，各类取证培训数量和质量得到明显提升。四是做好人才梯队建设。按照"树立一个口碑、带好一个团队、培养一批人才"的现场管理目标，遵循"内培为主"的骨干人才培养原则，做好梯队人才建设。发现、挖掘一批潜在的骨干人才，作为重点培养对象，优先给予年轻员工以机会，大胆启用年轻总监。2022年任命8名"80后"年轻总监，从履职效果来看，未负所望。经过多年的发展，铁四院监理公司培养了一批资深的金牌总监，选拔汇聚了一支行业内较高专业水平的监理队伍。

（二）强化绩效考核，不断提升履职担当。一是营造竞争意识。坚持"以能力定岗位，以岗位定职责，以职责定薪酬"的原则，能者上、庸者下，既保证启用人才，又保证留住人才。二是以实绩论英雄。对监理人员实行季度、年度考核，考核内容包括现场安全质量管控情况、内业资料管理情况，以及专业水平、工作态度、团队协助和廉洁从业等方面的表现，造成安全质量事故、履职不到位被主管部门书面通报批评、因职业道德问题被业主或相关方投诉，直接认定为不称职。考核结果作为薪酬分配、岗位调整、评优推先的重要依据。2022年起，每季度根据考核结果发放季度考核奖金，考核系数从0.7至1.3，考核结果为基本称职和不称职的，不能享受季度奖励。同时结合年度考核结果，向为公司生产经营等工作作出重要贡献的人员，发放骨干奖励、专项奖励。三是严肃问责机制。针对现场人员落实责任不力、安全质量管控不严、业主评价反馈差的情况，对相关责任人进行问责，包括通报批评、降职、经济处罚、待岗、解除劳动合同等，近两年免去6位"老资格"总监，有效推动了现场监理人员履职尽责、勇于担当。

监理行业正处于一个前所未有的变革时期，高质量发展、转型升级已时不我待，铁四院监理公司将在中国建设监理协会的指导下，不断学习兄弟单位先进经验，以踔厉奋发的精神，迎接未来的机遇和挑战，当好"工程卫士、建设管家"，为中国监理事业贡献力量！

筑梦城建　咨诹询谋
构建"1+5+N"管理模式　赋能云咨企业高质量发展
——监理企业改革发展经验交流会分享材料

杨　莉

云南城市建设工程咨询有限公司

云南城市建设工程咨询有限公司（中文简称：城建咨询；英文简称：YMCC；品牌商标：云咨。以下简称"城建咨询"或"企业"）。企业于1993年经云南省建设厅批准成立，1994年经中共云南省建设厅直属机关党委批准成立企业党支部，目前，城建咨询是"云南省国土空间规划学会、云南省建设监理协会、中国—东盟建筑产业互联网联盟"组建的发起人；现为中国建设监理协会理事单位，云南省建设工会女职工委员会主任单位，云南省勘察设计质量协会BIM工作委员会副主任单位，云南省国土空间规划学会、云南省建设监理协会、云南省建设工程招标投标行业协会副会长单位，云南省建筑业协会、云南省工程咨询协会常务理事单位，云南省建设工程造价协会、云南省志愿服务联合会、云南省勘察设计协会、广东省建设监理协会、云南省对外投资合作协会南亚东南亚设计咨询专业委员会、云南省认证认可协会、云南省工程检测协会会员单位，云南省工商业联合会重点联系服务企业。是一家可为客户提供建设全过程、组合式、多元化、专业化、专属定制式工程咨询服务的一家全牌照、综合型、集团化工程咨询服务商。

一、逐光启航，破浪前行

30年前一个风高气爽的秋日，云南省建设厅厅长对现任的董事长，也是企业的创始人杨家骏说道："现在省建设厅交给你一个担子，组建云南省建设监理试点单位。"当时做工程设计出身的董事长是犹豫的。当时虽然全国一盘棋，推行监理试点工作的确箭在弦上，但由于监理制度实施的时间较短，云南边陲地区人才匮乏，经验相对不足。社会普遍对建设工程监理的认识不足以及不理解。最后在领导的鼓励下，董事长打消了顾虑，积极投入到整个班子组建工作中去。

企业最终在1993年11月1日正式成立，并由厅长亲自取名为"云南城市建设监理公司"。企业在摸索中前行，开始建立各项管理的制度。这个时期也是打好企业基础的一个重要时期。公司设计了自己的司徽、创作了司歌。建立了奋斗的共同的思想基础。这个共同的思想基础就是企业的使命、愿景、价值观。

二、适应发展，开拓新路

1998年3月1日起《中华人民共和国建筑法》颁布并施行，明确了建设监理的法律地位。企业也迈开步伐，积极投身到行业的发展之中，率先在省行业内引入了ISO 9000管理标准，形成了结合ISO质量管理体系的行政管理和技术管理两套标准管理体系；组建了"微机室"，搭建服务器、局域网，开始了最早的信息化工作。

2003年2月起，在政策层面上先后出台了建设部《关于培育发展工程总承包和工程项目管理企业的指导意见》（建市〔2003〕30号）、关于印发《建设工程项目管理试行办法》的通知（建市〔2004〕200号），《国务院关于投资体制改革的决定》（国发〔2004〕20号），云南省建设厅关于印发《云南省建设工程项目管理单位（企业）管理办法》的通知（试行）（云建建〔2004〕960号）等文件。这些文件的出台，为市场带来了新的动力，城建咨询作为云南省第一批建设工程项目管理试点企业，并专门成立了"项目管理公司"运作和实施建设工程项目管理业务，在坚持做好监理业务的同时，积极推行项目管理业务。城建咨询所开展的建设工程项目管理业务分为：建设工程全过程或分阶段的项目管理（含目前所提的"全过程工程咨询"模式）、工程监理与项目管理一体化、

"项目管理+";涉及政府、国际财团、金融、院校、地产商等投资建设的办公用房、市政基础设施、学校、酒店、商品房等项目。

2008年企业完成第二次资源整合，专门成立了企业"研发中心"，以能够为顾客创造价值为方针，研究国家有关政策及市场导向。负责为企业工程咨询各业务板块多样化、差异化发展提供数据与依据，研究和开发适应市场需求，并能市场化的相关工程咨询业务产品。

业务充分市场化，竞争更加激烈。公司采取了一系列相对稳健和不断创新的业务模式，并于2011年6月将企业名称更名为云南城市建设工程咨询有限公司，并建立了相适应的组织、制度等。逐步扩大了企业工程咨询业务的服务范围，以适应变化节奏和趋势，这使企业在建设领域即使遇到了市场、监管，以及产业调整的压力，也能够保持稳健发展。

2013年9月26日，《国务院办公厅关于政府向社会力量购买服务的指导意见》（国办发〔2013〕96号）；2014年7月，《住房和城乡建设部关于推进建筑业发展和改革的若干意见》（建市〔2014〕92号），更让公司坚定了"只有依托市场需求、发展需要，催生和推动发展的企业才有强大的生命力，满足市场需要，能为市场需求创造价值的企业才有生存和发展的机会"这一信条，确立了"抓转型、调结构、拓发展、促改革"的方向，继续按照"一业为主、多业并举"原则，集思广益，制定了创新服务产品的整体计划。为此，企业运营管理中心、研发中心在传统业务发展的基础上开始进行"组合式""一站式""项目管理+"等模式的工程咨询服务探索。

同时，公司紧紧围绕通过创新发展带动企业技术提升、产业升级的工作目标，加强对政策、市场和行业动态的调研，寻找潜在的市场和商机。通过调研和分析，公司认为"政府购买工程咨询服务"将会是一种可能及的趋势。为此，公司在2013年10月制订了"三步走"的工作计划。

第一步：2014年7月前，完成"政府购买工程咨询服务"政策层面的分析，完成"收费标准""工作标准""工作流程"的策划及设计工作。

第二步：2015年，寻求行政主管部门的理解和支持，加强市场推广，力争年内可承接到相关业务。

第三步：2015—2016年，能在有业务开展的情况下，进行经验总结和完善服务体系，在有机会的前提下大力推广。

2015年，云南省首个真正意义上的"政府购买工程咨询服务"项目就是由公司开创的"第三方质量安全监督服务"项目。在项目运行初期，住房和城乡建设部及省住房和城乡建设厅领导到企业调研，首肯了公司在"政府购买服务"这一领域的研发和创新工作；同年11月，在全国建设监理工作会议上再次获得了肯定。

2017年2月，国务院办公厅印发《关于促进建筑业持续健康发展的意见》（国办发〔2017〕19号）；同年7月，《住房和城乡建设部关于促进工程监理行业转型升级创新发展的意见》（建市〔2017〕145号）出台，这两个文件无疑为工程咨询行业再次注入了发展动力。城建咨询通过并购和重组的方式，取得了工程设计、规划、施工图审查、工程检测、司法鉴定等资质资格，进一步拓展了业务范围，企业继续创新，调整结构，转型升级。

三、党建引领，凝心聚力

历经30年的积累，企业一直把党建工作当成核心工作来抓，走出了一条党建引领、赋能企业发展的新路子。沉淀了"1+5+N"管理模式，即实现党组织这"1"个核心作用发挥，结合企业"质量安全、智慧引擎、人文环境、职业道德、客户满意"这"5"个基础，持续以"业务创新、市场创新、科技创新……"等N个创新方法，推动企业高质量健康发展。

（一）"党建+质量安全"——汲取营养，为企业质量安全工作保驾护航

企业充分发挥党组织在服务企业决策、市场开拓、技术革新、效益提高等方面的作用，并结合企业发展实际，有效把党建工作融入企业质量管理的各个方面。充分发挥党支部战斗堡垒作用的同时，创新优化基层组织设置，做到生产经营发展到哪里，党组织建设和党建工作就覆盖到哪里。围绕党建与业务融合、创新改革、化解工作难点等方面，组织全体党员开展党员承诺践诺活动，每名党员每年公开承诺1至2个事项，并设立"党员先锋岗""党员示范点"，党员带头啃"硬骨头"，做到业绩优、能力优、质量优、服务优。

作为"工程卫士"，企业党支部着力在"党建+质量安全"上下功夫、在"党员身边无违章"上做文章，引导员工"工作中做标准化作业的示范者，生活中做遵纪守法的示范者"目标。让党员干部积极参加项目现场安全质量督查工作，实现党员身边零事故、零违章、零隐患。在项目安全质量管理上，企业始终坚持"工程安全质量巡检制度""建设工程安全预警机制"，认真组织开展"每季度全

员质量安全测评制度""半年一次的安全质量专项检查"及每年的"安全质量专题月"等活动,项目机构每月自检自纠,部门过程巡查帮扶,党员带头率先垂范,以保证工程建设的安全质量目标。同时积极组织学习各类典型案例,以质量安全微党课、企业视频号"云咨室、长'建'识"等形式把党建与质量安全生产工作有机融合,使党支部工作更加贴近现场管理。

(二)"党建 + 智慧引擎"——凝聚智慧,推动民营企业高质量发展

企业始终重视人才队伍的培养,不断探索和丰富人才培养的有效途径,促进工程咨询复合型人才队伍可持续健康发展。牢固树立"把骨干培养成党员、把党员培养成骨干"的理念,把企业中有意愿、有行动的优秀员工吸纳到党组织当中来,把组织中的管理人员、生产经营一线的专业技术骨干作为党员发展重点对象。

企业"云咨学院"将党支部学习纳入学院统筹管理并进入年度工作计划,真正做到党员教育和员工培训同频共振。通过导师制、年度学时制、三级培训、"定向 + 自选动作"等方法,加快了企业及支部的学习型建设进程。

同时,为了进一步发挥人才智力优势,企业还组建了"云咨智库"智囊机构,除积极参与相关法律法规、宏观调控和产业政策的研究、制定外,在学术交流及政策引导方面,也发挥着巨大价值。连续 7 年由企业发起的"云咨论坛",其影响力延伸至全国,并得到了主流媒体的关注,取得了良好的社会反响。

2022 年,以党员技术骨干为核心,由企业主编的《云南省民用建筑信息模型监理应用标准》DBJ 53T-133-2022、

《云南省装配式建筑工程监理规程》DBJ 53/T-140-2023 获得云南省住房和城乡建设厅批准。其中,《云南省民用建筑信息模型监理应用标准》为国内第一本监理 BIM 模型应用地方标准。截至目前,企业已主编或参编了二十余项标准、规程以及课题的编制工作。

(三)"党建 + 人文环境"——凝聚人心,营造企业"人文家园"新高地

一直以来,企业十分注重人文关怀,成立了专门的部门管理企业"员工满意度"。在积极营造"快乐工作、健康生活、责任担当、奋进拼搏"人文环境的同时,开展一年两次的员工满意度书面调查。大力推行"员工谈心谈话及基层走访"活动,及时有效地为员工解惑释疑、化解矛盾。为更好地打造城建咨询"家文化",每一年企业党支部都坚持开展迎新团拜会、健康大讲堂、缅怀先烈、青年辩论赛、亲子诵读、读书分享会、"云咨论坛"、"城建咨询人运动会"、跨年跑等员工喜闻乐见的活动。真正做到了月月有活动、人人喜参与的局面。其中,由党支部主抓的企业内刊《城建咨询人》,较好地报道及反映了企业文化建设工作及经验成果分享,连续数年被中国建筑业协会评为"全国建筑业优秀期刊"。

在员工关爱上,企业成立了"城建咨询公益基金",用于帮扶困难企业、重疾员工。为增强企业员工向心力、创造性,企业于 2010 年组建了"城建咨询人俱乐部",定期组织企业人才骨干沟通交流、观摩学习,同时在俱乐部里试行积分制,获得较高积分的员工除了能享受对应的福利待遇外,其父母及家庭成员均可享受同等待遇的奖金。

企业成立至今,从不拖欠员工工资。

企业哪怕面对重重困难,也从未裁员、欠薪。每年时逢节假日哪怕不到发薪日,也给员工提前全额发放当月薪酬,这已是固有的企业文化。疫情期间,企业每年新增就业岗位百余个。这些举措也得到了有关主管部门的认可和鼓励。

(四)"党建 + 职业道德"——精神引领,持续打造"做文明城建咨询人,树文明单位新风貌"

作为第五届全国文明单位中云南省内唯一一家工程咨询企业,始终以党建为抓手,积极推进员工职业道德、职业素养及精神文明建设。

企业在新员工入职培训中开设"梦想起航"企情教育课程,让新员工从个人奋斗故事、企业发展故事中了解城建咨询的历史沿革、发展历程,继续坚守和践行干事创业的初心,以加强新员工对企业文化认同感和荣誉感。在员工精神文明教育上,城建咨询将前有 2009 年姚安抗震救灾,企业党员带头闻令而动、有令即战,前往灾区的"姚安精神",现有 2021 年春节前夕企业党员纷纷交上请战书的"雄安精神"纳入"必修课",引导员工向前辈看齐、向优秀看齐。

员工的行为作风是检验企业精神文明建设成果的试金石。2008 年,企业在云南省工程咨询行业率先成立了"监察室"。负责员工职业道德、思想教育管理的同时,做好员工工作行为的指导及管理工作。随着企业的不断发展,不断修订和完善了《职业道德管理守则》,员工签订《职业道德》承诺书,项目现场设置了职业道德"举报箱",企业微信公众号上设置了纪律作风监督投诉渠道,并建立了员工信用体系。通过开展系统化、常态化宣传教育、职业道德讲座、违规违纪案例等学习警示教育,从反面案例

和反面典型中吸取教训、警钟长鸣、防微杜渐，时刻自重、自省、自警、自励，坚守底线。

企业始终铭记及认真履行社会责任，积极组织发起、每年定期参与各类社会公益事业及活动，如开展扶贫帮困、抗疫救灾、爱心捐赠、绿色低碳、关爱儿童、无偿献血等志愿者活动，在大力弘扬互助友爱精神的同时，积极引导员工树立正确的世界观、人生观和价值观，从而推动企业的可持续发展。

在企业发展的三十年中，企业重视发挥先锋模范和领导榜样作用，工作中被评选出来的"全国劳动模范""优秀党员""先进标兵""和谐家庭"均以身作则，严格要求自己，给其他基层员工树立榜样。通过榜样的引导，进一步转变员工群体的工作作风，充分激发和调动广大基层员工的工作积极性，提高职业道德素质和服务意识。

（五）"党建＋客户满意"——树立责任，提质增效全力提升客户满意

企业率先在云南省行业内成立了"客户服务中心"，建立了系统的客户回访体系。创立及启用"项目启动服务卡"及"项目后续服务卡"，确保委托人的要求和意见能够保持一个畅通的沟通渠道。与此同时，企业将党建工作与业务工作深度融合，积极唱响"党建＋提升客户满意度"三重奏。

一是抽调党员业务骨干形成客户回访团队，定期现场回访项目业务委托人，详细了解项目推进、存在问题及困难，及时为业务委托方提供现场解决方案及处理意见，形成闭合管理。二是充分发挥企业自媒体平台资源优势，通过电话沟通、视频通话、线上问卷调查等方式，主动倾听业务委托方需求，通过

定期工作例会，对客户需求进行深层次分析，向客户提交可行性解决方案。三是将"党建＋服务"的理念贯彻到客户服务中，开展党建结对共建，共同进行红色教育，交流探讨加强党建工作，为客户举办工程建设领域政策法规和咨询业务知识培训。

（六）"党建＋创新驱动"——创新赋能，力促企业高质量发展

近年来，企业党支部深入学习习近平总书记关于科技创新的重要论述，以党建为引领，以创新为动力，以人才为抓手，将党的建设与科技创新深度融合，通过丰富"党建＋创新"实践内涵，开展党建工作项目化管理，充分激发党员创新创效的活力，培养出了一批敢于创新、勇于创造的人才队伍。

1. 以科技创新夯实"党建＋创新"工作之"基"

面对新一轮科技革命，加快科技创新，是企业在危机中育先机、在变局中开新局的必由之路。当前，随着云计算、大数据、物联网、移动互联网、人工智能、BIM等新技术的迅猛发展以及数字经济时代的来临，传统工业化建造逐步向数字化建造升级，工程咨询行业的变革在不断进行，作为高新技术企业、专精特新"小巨人"企业的城建咨询，面临诸多机遇和挑战，顺势紧跟行业发展趋势，发布了"数字云咨·智慧咨询"建设体系，加大科技创新投入力度，加快科技成果的转化和应用。截至目前，城建咨询已取得30余项软件著作权及发明专利，同时引进的节点法、BIM软件、无人机、AI眼镜、二维码管理、视频监控等技术，有效助推企业实现了"企业集约化管理"和"项目精细化管理"的和谐统一。

2. 以业务创新筑牢"党建＋创新"工作之"根"

对于企业来说，持续不断创新是生存发展的根本保障，创新能力的强弱是衡量企业核心竞争力的重要指标。1993年云南省建设厅批准了企业承接当时西南地区第一个超高层建筑"华域大厦"，企业将"全过程监理"试点工作当作一项重要任务来抓，为全省监理试点工作提供了切实可行的经验和办法。2015年被住房和城乡建设部及云南省住房和城乡建设厅在调研中给予肯定的"政府购买工程咨询服务"项目。让城建咨询在业务工作中不断积累的经验，为企业在今后的转型升级中奠定了宝贵的基础。当前，为积极响应党中央"助力乡村振兴"号召，企业充分发挥业务优势，结合"干部规划家乡行动"，积极参与并完成了多个地州、县的"干部规划家乡行动"实用性村庄、社区的规划编制服务工作，服务成果得到上级主管单位的认可及鼓励，并获得多个奖项。同时，企业编制的可行性研究报告荣获2022年度全省工程咨询行业"科技成果优秀奖"。

3. 以市场创新锻造"党建＋创新"工作之"翼"

随着国家"一带一路"倡议的深入推进，中老铁路的正式通车运营，企业也积极作为，共同组织省内外多家民营企业家代表与老挝国家工商会在线上线下展开交流，共谋发展，共商合作，共话未来。活动得到了老挝驻华大使馆及老挝国家工商会总部的大力支持。

同时，企业积极发挥组织优势，全力打造云南省建设领域绿色·科技新型生态圈，将以科技、创新、协调、绿色、开放为发展理念，以共商、共创、共享为发展主题，以低碳生态为宗旨，构建

绿色建筑全行业协同创新中心，拟将云南省建设领域高科技、数字化、信息化、智慧化、绿色环保作为发展方向，让产业链上下游聚集协同达到良性互补，通过产业集群带动生态圈发展壮大，推动云南省建设领域实现由传统生产方式向新型现代化方式变革，促进云南省建设领域持续健康发展，打造具有云南特点的"中国建造"品牌。其中，由企业发起的YMCC第五届云咨论坛，就是在中央密集出台碳达峰碳中和、推动城乡建设绿色发展等相关政策，及继COP15第一阶段会议后，云南省建设领域首场以"双碳"为主题的公益性活动。本届论坛受到了媒体的广泛关注，取得了良好的社会反响。

企业的愿景是：业内领先，百年城建。这八个大字不是企业骄傲的体现，而是企业在表达，守正也要创新，步伐稳健，来打造一个有实力的、值得信任的品牌老店！就像我们的企业使命：为社会创建优质工程，为客户提供最优服务，为员工实现自我价值。

中国特色社会主义进入了新阶段，只有具备新的发展理念和新的发展格局，才能推动企业专业化的转型升级，才能使企业的业务可持续发展。30年前企业围绕的是传统业务，通过规模、成本、速度的竞争，使企业走上快车道。那么，在后开发时代，我们要在23项业务领域当中聚焦。我们要坚持做好传统业务，要生根，要做极致，然后去迭代，来获取竞争力。稳中有进不断为企业高质量发展提供强劲动力，为谱写中国式现代化的云南篇章作出新的更大贡献。

犯其至难而图其致远

——深圳市深水水务咨询有限公司发展之路

黄 琼

深圳市深水水务咨询有限公司

深圳市深水水务咨询有限公司成立于1998年，是一家水务专业监理公司；2005年前后公司开展招标代理、工程前期咨询、水保监测等业务，向全过程咨询方向发展；2011年，公司开始从事水务市政运营业务，向产业链下游发展；2017年公司继续向产业链下游扩展，开展污水污泥处理业务；值此，公司初步向工程咨询+运营+环保的复合型企业发展；2018年公司首次进入深圳市500强企业名录，并将这一荣誉保持至今；2020年，公司获批成立广东省城市水环境工程技术研究中心，进一步将公司打造成为科技型、创新型企业；2021年，四川发展（控股）有限责任公司旗下的上市公司——北京清新环境技术股份有限公司与我们公司进行股权合作，以55%比例控股深水水务咨询有限公司，我们公司成为国企上市公司的控股公司。目前，公司在新机制的推动下，以水务和生态修复为专长，集项目管理、综合技术咨询、事后监管和运营维护于一体，继续向一流企业稳步发展。

公司是最早直面完全市场环境的企业之一，公司的发展之路十分艰难。25年来，公司兢兢业业，如履薄冰地经营，有所失，有所得。感谢中国建设监理协会给予公司这次机会，向大会分享我们公司的发展经验。

一、坚持做好监理主业

深水水务咨询有限公司以监理起家，在多年的发展历程中，始终坚持以监理为自己的主业，创品牌，聚人才，不断强化公司实力。

（一）坚持不断聚集人才

公司从一开始的传统水利专业监理公司，发展成为拥有一家综合监理资质公司和一家市政水利监理甲级公司的复合型企业，招揽和管理人才始终是公司的主要工作。公司业务的持续增长与公司实力不断增强，离不开优秀的人才队伍的支持。公司坚持不断地招揽人才，建设完善相关人力资源规章制度，用好人才，同时持续做好内部培训，培养人才。

自公司开展监理业务以来，通过公司规模发展带来的吸引效应、深圳加持的地域效应、企业公平和谐的文化效应，不断聚集人才。监理是公司的基础业务，坚持监理主业，为员工提供立足、学习、进步的工作平台。监理工作是工程一线的技术岗位和基本的管理岗位，通过监理工作，员工能掌握工程一砖一瓦的搭建，熟悉项目一步一骤的建设，使之成长为各类专家。

公司人力资源部门是重要的职能部门，致力于服务公司一线业务部门，管理好公司2000多名员工。人力资源部门通过组织管理、人才管理、干部管理，以薪酬体系、绩效考核、内部培训等手段，为公司员工提供了一个公平透明、不断进步的发展环境，从而能吸引人才，留住人才。

在员工成长方面，公司成立了深水学院，建立了多元化的人才培养体系，帮助员工快速成长，为公司培养符合公司发展要求的人才。深水学院有针对年轻新员工的培训，有针对中长期员工的教育，有根据不同需求提升员工能力的教育，有对后备干部的教育，不同教程培养出适合不同岗位的员工，源源不断地为公司输出了大量人才。

公司拥有院士工作站、博士后工作站、省级技术平台以及研发中心。公司还与政府、高校、科研机构、业务伙伴、人才服务机构等合作，为公司培养高素质的各类人才。

在上述工作的推动下，公司不断汇聚人才，在企业的发展过程中能持续向业务一线输送人才，支持公司承揽了一个又一个新项目，拓展了一个又一个新部门。

（二）扎实做好品牌

信誉是企业发展最重要的推动因素之一。公司在发展中始终把深水的品牌打造作为中心工作。

公司坚持做好每一个咨询项目，无论是监理、招标代理、造价咨询还是监测项目，都会认真按照法规、合同和业主要求，保质保量地完成任务。始终让我们的团队成为甲方团队不可或缺的一部分，让我们的项目人员成为业主信任的伙伴。

监理这个行业生存不易，经营成本高，利润低，压力大；监理企业想要发展壮大并不容易。从较早的时候起，业内部分企业采取了总监承包制的管理模式，有些企业甚至允许挂靠，这些方法一定程度上拓展了业务，提高了企业盈利水平，促进了企业发展。但是这种模式放松了对监理工作的管控，对企业长期发展不利。在这种模式下，企业放任总监自我管理，工作质量参差不齐，出现夫妻组合的监理项目部，司机担任监理员等种种现象，给行业造成了不良影响。

我们公司坚持不挂靠，不搞总监承包制。在经营中坚持以项目的工作质量为第一，保证项目建造质量，保证安全施工，保证项目合法合规。公司坚持每周检查制度，每周六派出检查组，检查各个监理项目，检查在监项目是否符合相关要求，检查监理人员是否履职尽责。

公司始终坚持以品牌建设为重，保证公司信用良好，促进企业良性发展。

二、坚定地向水务综合企业发展

作为一家水务监理企业，工程建设和市政水利等领域是公司的专长。顺应市场，做自己擅长的事，是公司得以发展的因素之一。

（一）从传统监理企业向全过程咨询服务业务转型

随着政府的改革和市场的变化，单一的监理模式已不能满足市场的需求。2017年国务院出台了《关于促进建筑业持续健康发展的意见》，提出"鼓励投资咨询、勘察、设计、监理、招标代理、造价等企业采取联合经营、并购重组等方式发展全过程工程咨询，培育一批具有国际水平的全过程工程咨询企业"。广东省和深圳市按照国务院的部署出台了鼓励全过程咨询行业发展的若干政策文件，开展了试点工作。我们公司是最早的试点单位之一。实践表明，建设行业推行全过程咨询服务，对提高投资决策水平，提升工程建设管理水平，提高工程建设质量和运营效率发挥了积极的作用。

除了监理业务之外，公司在2003年就开始开展招标代理等业务。在这个基础上，采用重组、并购等方式，完善了公司组织架构，建立了集项目策划、项目管理、招标采购、造价咨询、设计管理、工程监理、专项咨询于一体的全过程工程咨询服务体系，承担了"项目管理+监理""项目管理+监理+招采+造价"等多种模式的全过程咨询服务项目。在相关项目中，实现报批报建、勘察设计、招标采购、施工管理、全程审计配合等有关工作统筹协同推进，实现质量管控、安全管控、进度管控、合同管理、造价管控、信息管理等的全面管理。公司在投资综合性咨询、EPC承包模式的全过程咨询服务等方面积累了一定的经验。

目前，公司的全过程咨询具有服务方式集成化、服务内容清单化、服务流程标准化、团队建设专业化、服务手段智慧化等一系列特点。公司已经累计承担了二十余个全过程咨询项目，制定了全过程咨询服务的企业标准。

（二）发展城市水务运营事业

对已经完成的项目，监理人员应该熟悉项目的建造过程，熟悉有关技术管理，熟悉项目的基本和专业运营方法。因此在各地政府改革中推出市场化的运营项目时，公司抓住机会，争取进入运营市场，开始参与城市管理，参与市政和水利等专业运营管理项目。

深圳是一个改革开放的城市，政府大力推行社会管理改革，提高城市管理水平。在这一背景下，公司抓住机会，凭借专业优势，通过市场竞争进入了城市排水运营市场。在新的业务领域，公司仍然发挥专业特长，以及坚持创造优质项目的意识，做好业务，获取业界好评，继而获得持续增长。

之后，公司又获得了水利项目的运营业务，开展了水情教育基地、流域、水库、泵站等设施的运营服务项目。

公司在做好运营服务的同时，仍然坚持技术领先，通过自己的优秀技术团队，既对项目进行技术加持，提高服务质量，又通过项目的运行，研究有关技术难题，提升技术和管理水平，同时制定出台有关技术标准，为相关部门提供技术支持。

市政水利运营项目的拓展，为公司取得了良好的经验和业绩。在此基础上，通过市场竞争，又进入了城市管理运营市场，开拓相关业务。

公司还成功牵手万科，共同向城市管理深层次的市场迈步。

（三）向环保行业进军

早在2013年，习近平总书记指出，走向生态文明新时代，建设美丽中国，是实现中华民族伟大复兴的中国梦的重要内容。中国将按照尊重自然、顺应自然、保护自然的理念，贯彻节约资源和保护环境的基本国策，更加自觉地推动绿色发展、循环发展、低碳发展，把生态文明建设融入经济建设、政治建设、文化建设、社会建设各方面和全过程，形成节约资源、保护环境的空间格局、产业结构、生产方式、生活方式，为子孙后代留下天蓝、地绿、水清的生产生活环境。之后，总书记又多次强调环境保护和治理污染工作的重要性。

从此，政府加大了环保治理工作，强化了环保工作考核要求。公司抓住机会，凭借优势，积极地投入到环境改善治理工作中。

在较早时候的监理工作中，公司曾经参与了污水处理厂、垃圾填埋场、污泥焚烧厂等相关项目的建设，熟练掌握有关环保设施的建设运营工作。紧跟市场需求，积极开展环保业务。经过十余年的经营，环境事业部不断壮大，拥有BOT项目、BO项目、委托运营项目、技术咨询项目等，业务范围包括污水处理、污泥处理、垃圾渗滤液处理、餐厨污水处理、粪渣处理、设备成套、药剂生产等，是深圳市环保产业协会副会长单位。

三、走现代化企业管理之路

公司成立之初是水利行业社会组织下辖的一家企业，在水务同行们的支持下逐渐成长起来，具备了一定的规模。在改革大潮中，公司被独立出来，成为一家民营企业，从那个时候起，公司就以现代企业的标准来打造深水咨询公司。

在股权改革中，公司参考合伙人机制，让公司中层及以上管理人员和主要骨干联合参与公司持股。公司章程要求参股人员必须是公司在岗管理人员，一旦离岗，就不再享有公司的股份；新提拔的管理人员即时享有同等的股权激励。

通过这一股权架构的建立，凝聚起公司的核心团队，激发大家的积极性，让每个人在各自的平台上充分发挥活力，携手创造出公司的发展成绩。

公司进入一定规模之后，以前靠人对人的印象来打分的管理模式明显落后，部分员工产生了不服的情绪。公司及时纠偏，先后花费了数百万元，引进了专业的管理咨询团队，为公司建立了薪酬体系、项目管理体系。通过几年的运行，现在这两个管理体系成为公司持续发展的有力支撑。

公司在治理中不断完善内部管理，在强化内部管理的基础上，于5年前开始了标准化的建立，逐渐建设起公司自己的标准体系，让每个项目部、每个岗位、每个员工有了准确清晰的工作准则，为项目的合格完成和精品项目的打造提供了制度支撑。

目前，公司进入国企系统，根据有关国企管理规定，这些管理体系也在不断完善更新中。

四、几点思考

（一）企业家精神

在我的职业经历中，我认为设计负责人的工作比总监轻松，总监工作比部门经理轻松，部门经理的工作比总经理董事长轻松。在担任法人之后，我深感责任重、压力大，生存和发展成为我工作中唯二的两个词。

随着公司的发展，我越来越体会到，作为公司负责人，我必须要不断地学习，学习经营之道，学习管理之法；我必须有强烈的责任心，不断地解决问题，谋求发展；要带领和管理好全体员工，坚持诚信、创新；要热爱国家，有强烈的社会责任心；要有企业家精神，不能是工程技术专家。

带领管理团队做好企业，坚持不懈，久久为功。以上是我的一点感悟。

（二）关于行业发展

企业的发展离不开行业的发展。在中国建设监理协会的领导下，公司实现了企业的稳步发展，实现了从单纯的监理企业向全过程咨询企业的转变。

但是，目前全过程咨询工作缺乏法律保障，行业标准化体系尚未建立，计费标准不明确，低价竞争严重。建议中国建设监理协会带领行业加快向全过程咨询方向转型发展，建立健全相关政策标准。建议加强行业廉洁自律工作。

（三）支持监理企业发展

现阶段国家对企业发展支持良多，很多政策向好。但是企业做大做强了，业务量大，容易出现做多错多的现象。一旦出现事故或者发现隐患，容易被处罚，产生不良信用，影响整个企业的生存。建议减少或者精准对企业的处罚，确认企业不作为不行使管理职能才予以处罚。

追赶超越，陕西建设监理迈入新征程

陕西省建设监理协会

"实现追赶超越，高质量发展，奋力谱写中国式现代化建设的陕西篇章"是习近平总书记在首届中国—中亚峰会举行前夕，专门听取陕西省委和省政府工作汇报时对陕西发展的殷切期望，也是陕西建设监理事业发展的动力源泉。在隆重纪念建设工程监理制度建立35周年暨中国建设监理协会成立30周年的重要时刻，有必要全面回顾和总结建设监理行业和监理协会的发展历程，充分展示建设监理行业所取得的丰硕成果，进一步鼓舞行业士气、展示行业风采、树立行业形象，提升协会和行业的凝聚力。

建设工程监理制度与建设项目法人责任制度、招标投标制度、合同管理制度共同组成了我国工程建设的基本管理制度。陕西也同全国一样，积极推行建设工程监理制度。建设工程监理制度建立35年来，先后经历了1988—1992年的试点探索阶段，1993—1995年的稳步发展阶段，再到1996年至今的全面推广阶段。建设工程监理制度的建立和实施，推动了工程建设组织实施方式的社会化、专业化，为有效保证建设工程质量，强化安全生产管理，提高项目投资效益发挥了重要保障作用。在此期间，伴随着改革开放进程的加快和建设工程监理制度的建立与发展，国家层面于1993年7月27日成立了中国建设监理协会，后陆续成立了各省份建设监理协会。陕西建

设监理事业的发展成就就是全国建设监理事业发展的一个缩影。

一、建章立制全面落实

建章立制是建设监理行业改革发展的基石。1988年7月25日，建设部下发《关于开展建设监理工作的通知》，标志着中国建设工程监理事业的正式开始。同年11月28日，建设部又颁发了《关于开展建设监理试点工作的若干意见》，决定在北京、上海、南京、天津、宁波、沈阳、哈尔滨、深圳8市和交通部、水电与公路系统进行试点。

1988—1993年，陕西建设监理工作由陕西省建设厅建筑业处管理。1994年陕西设立建设监理处，负责全省建设工程监理行业日常管理工作。自此到2022年的近30年间，陕西省共出台涉及各类建设监理工作文件20部（件），其中省人大颁发并多次修正的地方性法规4部，即《陕西省建筑市场管理条例》（1996年4月）、《陕西省建设工程质量和安全生产管理条例》（1996年12月）、《陕西省民用建筑节能条例》（2006年9月）、《陕西省建筑保护条例》（2013年7月）；省政府规章2部，即《陕西省建设工程招标投标有型建筑市场管理办法》（1998年）、《陕西省工程建设活动引发地质灾害防治办法》（2017年）；部

门规范性文件14件，主要有《关于加强工程建设监理工作的通知》（1999年）、《关于加强建设监理企业监理岗位从业人员管理的通知》（2001年）、《工程监理企业资质管理规定和工程监理企业资质管理规定实施意见的通知》（2002年）、《陕西省建筑施工安全生产标准化考评实施细则》（2017年）、关于印发《陕西省全过程工程咨询服务导则（试行）》和《陕西省全过程工程咨询合同示范文本（试行）》的通知（2019年）、《关于在房屋建筑和市政基础设施施工领域加快推进全过程工程咨询服务发展的实施意见》（2020年）等，使全省建设监理工作做到了有法可依、有章可循，保障了《陕西省建设工程质量和安全生产管理条例》等法律法规的实施，在房屋建筑和市政基础设施工程领域加快推进全过程工程咨询服务发展，做好监理企业资质审批和告知承诺制改革。

二、行业规模不断扩大

行业规模是监理事业发展的重要方面。1988—1992年，陕西先后成立8家建设工程监理公司，即中煤陕西中安工程项目管理有限责任公司（1988年2月，前身为中安设计工程公司）、西北电力工程监理公司（1991年3月）、西安煤炭建设监理中心（1991年3月）、陕

西兵器建设监理有限公司（1991 年 11 月，前身为陕西兵器工业工程建设监理公司）、陕西建科建设监理有限公司（1991 年 11 月）、陕西中建西北工程监理有限责任公司（1991 年 12 月，前身为中国建筑西北工程监理部）、陕西华茂建设监理咨询有限公司（1992 年 8 月）、陕西古都工程监理公司（1992 年 10 月）。此后到 1996 年，全省有资质的监理企业 42 家，其中甲级资质 7 家，乙级资质 8 家、丙级资质 27 家，监理从业人员 1500 余人，监理项目投资额 25.6 亿元。截至 2022 年，陕西省共有资质监理企业 1703 家，其中综合资质 10 家、甲级资质 148 家、乙级资质 1545 家。监理从业人员 12.98 万人，其中全国注册监理工程师 1.08 万人，省级专业监理工程师 7 万余人。监理范围涵盖房屋建筑、市政公用、冶炼矿山、化工石油、水利水电、通信环保、电力农林、铁路公路、航空航天、机电安装、地质灾害等行业。监理行业收入 306 亿元，其中工程监理收入 63 亿元。

三、监理质量争先创优

保障工程质量安全是监理工作的生命线。1989 年 4 月，交通部在陕西西安—三原—铜川高等级公路建设中推行建设工程监理制试点，中标单位是陕西路桥总队。该工程历时 3 年建成，路面各项技术指标达到国家高等级公路规范标准，获 1991 年度国家优质工程银质奖和交通部优质工程一等奖。1991 年陕西省建设厅在陕西兵器工业系统和西安电影城工程项目中进行建设监理试点。1993 年 6 月，陕西省建设厅在陕西兵器工业工程建设监理公司监理的 203 所

110 号、205 所 306 号工地召开全省第一次推广建设工程监理现场百人大会。自建设工程监理制建立截至 2022 年，陕西建设监理的项目共创省级文明工地累计 4223 项，省级建设优质工程"长安杯奖"累计 918 项，国家优质工程金、银质奖累计 156 项，共创中国建设工程"鲁班奖"累计 122 项，其中西安交通大学创新港项目为中国建设工程"鲁班奖"评选以来全国规模最大的项目。该项目位于西咸新区沣西新城，总建筑面积 159.44 万 m²，包含 52 个单体，是集教学科研、学术交流、图书阅览、文体锻炼、办公生活等于一体的大型智慧学镇。该项目于 2017 年 3 月开工，同年 11 月 20 日实现群体全面封顶，2019 年 4 月通过竣工验收，用时仅 25 个月。施工中采用国际先进的创新规划理念，积极应用新技术、新工艺、新材料，并将 BIM 技术应用于项目全生命周期，大力推行智慧建造，建立基于信息技术的智慧工地管理协同云平台。把绿色理念植入项目建设，利用"中深层地热能无干扰清洁供热技术"，采用分布式能源系统解决区域供热、制冷及生活热水，是国内规模最大的无干扰地热供热项目。项目还融入海绵城市建设理念，通过自然积存、自然渗透、自然净化的循环系统，实现有收有放的治水新体系，为西咸新区打造绿色城市、生态城市、智慧城市提供了样板，分别获 2020—2021 年度中国建设工程"鲁班奖"和国家优质工程金质奖，2022 年获得国际卓越项目管理金奖（超大型类别）。

四、先进典型层出不穷

监理先进企业和先进人物是监理行

业发展的标杆。自建设监理制度建立 35 周年和中国建设监理协会成立 30 周年以来，陕西省获住房和城乡建设部、国家市场监督管理总局、劳动竞赛委员会表彰的先进监理单位 8 家，分别是陕西兵器建设监理有限责任公司（建设部 1995 年、2004 年 2 次表彰），西安煤炭建设监理中心（建设部 1995 年）、陕西省古都工程监理公司（建设部 1998 年）、咸阳市城乡规划建设局（建设部 2004 年）、西安市城乡建设委员会建管处（建设部 2004 年）、西安高新建设监理有限责任公司（住房和城乡建设部 2014 年）、永明项目管理有限公司（国家市场监督管理总局 2014 年）、汉中市工程建设监理公司（2022 年陕西省劳动竞赛委员会）。2000—2014 年陕西省获中国建设监理协会表彰的先进监理企业 32 家。1991—2004 年陕西省获团中央、国家计委和建设部表彰的监理先进个人 10 名，分别是张百祥（中煤中安）1991 年 11 月获团中央、国家计委"共和国重点建设青年功勋"称号；岳建平（陕西建科）、张志麻（中煤中安）获建设部 1995 年"全国先进建设监理工作者"；郝宪文（陕西省古都）获建设部 1998 年"全国工程建设监理先进个人"；徐立（西安市建委）、刘军社（渭南市城建局）、刘振照（陕西兵器）、陈少卿（陕西华茂）、刘平建（陕西百威）、扬东强（陕西中航）获建设部 2004 年"全国工程监理先进工作者"。2002 年陕西省工程监理有限责任公司总经理袁祖芳（女）、西安市市政设计研究院监理所副所长郑进玉被陕西省委省政府表彰为陕西省劳动模范和先进工作者，2004 年袁祖芳（女）又被表彰为全国"三八"红旗手。2008 年 12 月，陕西兵器建设

咨询监理有限公司朱立权、中煤陕西中安项目管理有限公司张百祥被中国建设监理协会授予首批"中国工程监理大师"称号（全国64名）。2000—2014年，陕西省获中国建设监理协会表彰（授予）的各类监理先进个人和优秀协会工作者72名（次）。

五、数字监理方兴未艾

坚持数字化管理与智慧化服务是监理企业转型升级高质量发展的必由之路。近年，尤其是2021年以来，陕西建设监理企业数字化管理与智慧化服务已形成百花齐放竞相发展的良好局面。一是以永明项目管理公司"筑术云"、陕西中建西北监理公司"总监宝""全咨宝"、西安长庆监理公司"监理云"、兰天项目管理公司"质安云"等为主的自主研发信息平台建设；二是以高新矩一、陕西兵器、陕西华茂、凌辉建设、西安航天、西安普迈、西安四方、西北民航、汉中监理等单位融合使用的"监理通""总监宝"，从而促进了监理企业的转型升级，提高了经济效益和社会效益。2022年12月，永明项目管理有限公司"筑术云"在建设工程监理中的应用案例获2022年中国智慧城市先锋榜优秀案例二等奖。在2023年5月首届"工程监理咨询企业创新实践卓越案例"评选中，西安高新矩一建设管理股份有限公司的《基于评估理念的项目安全风险管理机制创新与实践》获"卓越案例"；永明项目管理公司《应用数字技术赋能监理咨询企业创新，实现高质量安全发展》、西安长庆工程建设监理有限公司《长庆油田地面产能建设数智化监理平台的建设及应用》获"优秀案例"。同年5月，永明

项目管理有限公司、陕西中建西北工程监理有限责任公司获陕西省首届"建设监理行业数字化创新先锋企业"称号。

"筑术云"是2013年以来由永明项目管理有限公司（陕西合友网络科技公司）自主创新研发应用于建筑行业数字化管理、智慧化服务的科技产品。目前该产品3.0版定型封码，由"一个中心八大系统"组成。"一个中心"是数字化指挥中心；"八大系统"分别为综合办公系统、多方协同系统、专家在线系统、移动远程项目管理系统、远程视频会议系统、培训考试系统、智能巡检系统、视频监管系统，同时，"筑术云"还具有手机APP互联网应用功能，与人工智能、区块链、大数据、云计算融合应用功能。2023年"筑术云"4.0版进入研发，并在"筑术云"基础上开发了全咨服务信息化平台，几个全咨服务项目即将上线运行。"筑术云"应用于房建、市政、电力、公路等多个行业，形成了覆盖全国主要大中城市的营销服务网络；永明公司在全国各地成立的300多家分支机构、3000多个项目、近万个不同权限、不同程度的应用，所取得的规范化、标准化的创新型成果，深受用户喜爱，并得到建设主管部门、行业协会、项目建设单位、施工单位广泛认可；应用"筑术云"数字技术创造性地对建设工程实施质量、安全、进度、投资控制及合同信息管理，并发挥了重要作用。通过应用"筑术云"数字技术，永明公司实现由2019年传统经济9.8亿元向数字经济转型，年合同额突破20亿元。先后荣获国家优质工程奖3项、荣获省市级优质工程奖20多项；省级文明工地90多个；荣获省市级优秀个人奖39项。荣获"百强政府采购代理机构""中国招

标投标协会招标投标3A级信用企业"；陕西省工程造价咨询30强；国家市场监督管理总局"守合同 重信用"企业；"诚信与社会责任模范单位"A级纳税人等荣誉。中国行业协会领先品牌企业推介活动组委会授予永明项目管理公司为"全国科技创新示范单位"。2022年10月中央电视台《时代先锋》栏目对永明公司董事长张平作专题报道，2023年5月29日中央电视台老故事频道《创新之路》栏目以《东风浩荡宏规大起》为题对张平进行专题采访，报道永明公司数字化创新发展之路。

"总监宝"是2015年由中建西北工程监理有限责任公司自主研发的信息化建设平台。2022年又进一步完善了项目监理全功能开发并实施，项目监理全业务流程可在"总监宝"上完成；按监理规范的要求对产品功能进行了梳理，实现"三控两管一履职"的数字化和信息化；企业SaaS（服务模式）用户150家，定制企业6家，完成合同额690万元。

"总监宝"系统把积分功能与绩效奖励相结合，多完成工作多获得积分，积分多能获得更多奖励，激发了监理人员工作积极性和项目人员的主动性；能跨时空、跨区域、跨项目了解现场实时动态，高效决策，为多项目之间的资源调配、降低成本创造条件；提示总监、专监、监理员规范履职，降低了监理工作难度；将"监理工作可视化"，通过显示大屏、个人、项目监理工作数据实时可见，监理工作效果通过视频、大屏分析实时可见，将不可量化的监督管理工作，变成可量化、可比较的具体指标，解决了监理工作成果无法体现的问题。"总监宝"系统运用提升了监理在项目中的尊

严，提升了企业的美誉度，为监理企业、行业的发展作出了贡献。2022年9月，"总监宝"信息化软件荣获2022年中国智慧城市先锋榜优秀软件获奖证书和奖牌。2023年中建西北监理公司在"总监宝"基础上还开发了"全咨宝"信息化平台，全咨项目上线运行。

"监理云"是由西安长庆监理公司在"金监理"系统之后于2021年自主研发的一项监理数字化平台。2022年将信息技术与业务管理深度融合，以数字化、可视化、自动化、智能化发展为目的，将标准化监理和标准化承包商HSE监督通过数字化的形式进行了落地。该系统按照"强化管理，优化业务，提升协同，数智赋能"的思路，开展监理数智化"8331"工程建设，通过8个主体模块的业务流数据支撑实现管理需求，以问题为导向建立3家主体单位的考核监督（建设单位、承包商、监理部），3类主要人员履职量化管理（承包商项目经理、监理工程师、特种作业人员）的科学体系，倒逼责任落实，最终实现承包商QHSE的自主管理和自我评价的终极目标。推行监理工作"六个标准化"（工程类型标准化、工程分解标准化、检查项目标准化、检查流程标准化、质量问题标准化、HSE问题标准化），优化监理管理流程，规范监理履职，全面提升项目建设水平，确保施工过程质量安全。

"监理云"在PC端完成8大模块172项功能模块开发，APP端完成118项功能模块开发，初步实现了"智能化地面监理"工作；在推动监理标准化履职、安全环保监督、问题隐患预警、智能辅助决策等方面发挥了积极的作用，在平台建设过程中部分基础技术工作突破了常规思维，尤其在移动终端固定表

单的分解—整合，基于工程分项与问题数据库的建设，问题要素分类，建设各方质量安全主体责任人的量化管理等方面均具有原创性，很好地解决了现场监理数据的真实性和闭环管理的时效性的问题，应用大数据精准定位"低老坏"问题并进行治理，对推动建设各方主体责任的履行发挥了积极作用。企业先后获中国建设工程"鲁班奖"1项，国家级工程类奖19项，省级工程类奖39项，陕西省、中石油系统先进企业奖13项。

"质安云"是2019年由兰天项目管理有限自主研发的信息化管理平台。2022年又与西安交通大学深度研发数字化平台，形成了一套具有兰天公司专利和特色的数字化管理系统。

"质安云"系统应用在施工质量安全检查中，使监理人员能够快速检索到检查项目、检查重点、检查依据、标准规范具体条文、处罚依据条款，提高了监理工作规范化、标准化水平；文字版于2020年开始用于第三方咨询服务，包括西安市雁塔区（2020—2022年）、临潼区（2022—2023年）等区级政府主管部门以及西安市质安站地铁六号线（2021—2022年）提供质量安全第三方咨询服务，在使用过程中能够快速、准确地查找到相关检查内容、检查重点、检查依据、标准规范具体条文、处罚依据条款，其工作业绩和成效受到委托方的充分肯定，累计完成合同额达数百万元；企业通过"质安云"的使用，收到良好的社会效益和经济效益。2021年企业被评为全省文明工地暨施工扬尘治理观摩工地，2022年监理的"创新国际名城"项目被西安市"防风险、促安全、护稳定"专项整治优秀项目。

"监理通"的应用。陕西兵咨建设咨询有限公司"监理通"信息化平台2019年立项，2020年7月完成订制开发并上线运行，并进行了2.0版本的升级开发。平台配置18个子系统，分别为：门户管理（数据集成展示）、个人事务（集成公司OA办公）、市场经营、总工办（技术管理工作）、财务管理、人力资源、行政综合、工程管理、造价咨询、招标代理、司法鉴定、全过程工程咨询、文档中心、系统管理（各项数据监控及维护）、监理现场管理（智慧监理）、工程指挥中心、项目智慧大屏及手机端应用。其中指挥中心、项目智慧大屏为2.0版本新增子系统，门户管理在1.0版本系统门户的基础上，新增加了人事门户、合同分析门户、投标分析门户及工程门户。2.0版本升级后覆盖了企业各项管理流程，实现了项目企业管理一体化，深化了监理管理应用并推出了智慧工地模块，其余主营业务也实现了过程管理，打通财务系统，实现市场经营数据闭环。平台开放了外部单位协同权限，支持所有参建单位登录系统见证项目管理工作；打通了财税软件端口，缩短了财务人员开票回款及成本核算的流程。"监理通"平台接入了BIM引擎，为后期有运维需求的项目做好准备工作。针对监理项目现场管理工作，结合国家标准、地方标准、行业标准、企业标准化管理体系文件，从易用性、实用性的角度出发，订制了14个一级菜单、122个二级菜单，包含了从项目立项直至项目关闭所涉及的所有管理流程和工序模板。目前，有两个智慧工地项目（西安大兴渭水园医院建设项目和泰丰盛合科创产业园）已正式落地，项目结合完整的工序模板，搭配无人机、监控球机、单兵记录仪等硬件

——中国建设监理协会成立30周年

设备,以及为业主研发的协同访客账户,实现了项目在施工周期内全程可视化履职,让企业领导和业主不必再依靠微信、周月报等传统模式,而是通过信息平台全程参与并见证项目监管过程。结合各类可视化硬件及每日自动备份的云服务器,"监理通"平台解决了信息数据管理真实性和可追溯性两个痛点。

此外,还有陕西公路交通、西安航天、西安四方、华春建设、陕西中基、公城管理咨询、中国水利水电西北有限公司等40多个监理企业信息化平台在经营管理和第三方服务中发挥了积极作用。

六、全咨服务加快推进

在房屋建筑和市政基础设施工程领域加快推进全过程工程咨询服务发展(以下简称"全咨服务")是监理企业参与市场竞争的必然要求。陕西省自从2018年10月至今推行全咨服务已5个年头,先后经历了全咨服务工作试点和加快推进两大阶段。共计全咨服务监理工程项目283项,建筑面积约2477.68万 m²,投资额约1425.89亿元。其中按全咨服务两大阶段划分,试点阶段50项、加快推进阶段233项;按国内国外项目划分,国外项目17项、国内项目266项。全咨服务项目以监理和项目管理、造价咨询和项目管理组合形式居多,咨询服务收费模式五花八门。先后编辑出版了《建设工程全过程工程咨询案例》和《建设工程全过程工程咨询案例(二)》,以正式科技论文形式固化全省监理行业全过程工程咨询服务的陕西实践,形成了全过程工程咨询服务的陕西特色与亮点。陕西中建西北工程监理公司监理的西安幸福林带项目获2020年《建

设监理》第一届"全过程工程咨询十佳案例",监理的陕西国际体育之窗项目获2022年《建设监理》第二届"全过程工程咨询服务优秀案例"。陕西建设监理行业全过程工程咨询的优质服务正在逐渐赢得全社会认同,全咨服务类别呈现百花齐放良好局面,一批具有陕西特色的全咨服务项目运行良好。

(一)"工程医院"践行监理巡查服务新领域。信远建设咨询集团有限公司(以下简称信远公司)背靠科研院校,利用自身专业和设计能力,针对建筑物"生病"后的"看病""治病"环节,提供建筑物使用、维护修缮、加固改造、安全鉴定、保险理赔、证据保全、应急鉴定服务,全程确保建筑物安全,创造价值服务本真,探索政府倡导的监理巡查深度、广度服务新领域。全咨运维阶段服务是监理行业不可或缺的新领域,领先进入建设项目全生命周期细分范畴,就获得了掌握、控制各个细分范畴服务的话语权。

(二)延伸涉外项目,探索全咨询服务新领域。西安铁一院工程咨询监理有限责任公司承担秘鲁利马地铁2号线特许经营权监理服务,是始于设计方案图纸审查的国际通行全咨服务,一期咨询服务费1.1亿美元,在咨询服务中占比30%,且在整个咨询团队28个重要岗位中占据12席(全部是核心技术岗位)。该项目一期工程全咨服务获得业主高度认可,虽受到新冠疫情影响二期工程进度滞后,但秘鲁方业主要求增加核心岗位人员提供全咨服务,已经另行增加特许经营权全咨服务费用。

四方监理公司10多项"一带一路"援外全过程工程咨询服务项目整体成效良好。他们总结的"援外项目咨询工程

师应具有全面的管理技能和专业知识、具有良好的品质和政治素养"等经验体会,为监理咨询企业走出国门拓展海外工程咨询业务提供了借鉴。

西北水利水电设计院,凭借自身优势陆续开展尼泊尔马楠马相迪水电站项目管理、印度尼西亚巴塘水电站英文版招标文件编制和招标设计等涉外细分特色全咨服务。

(三)开创展陈策划和提供融资服务新领域。西安航天建设监理有限公司国家版本西安馆项目,针对参观者络绎不绝的项目特点,全咨团队进行系统展陈策划,成立专业化展陈策划组,通过信息化平台立体展示项目建设前期、建设过程,既能达到参观者对项目性能、特色、亮点一目了然目的,又能杜绝参观影响项目建设的现象发生,得到了参观者一致好评。

西北(陕西)国际招标有限公司某博物馆全咨服务项目,建议业主充分利用现行政策发行停车、展览收费收入等专项债进行合规融资,克服资金缺口阻碍,使项目得以顺利推进,开创了陕西提供融资阶段全咨服务的先河。

特色服务创造全咨服务价值。汉中市工程建设监理公司苏陕合作扶贫项目,抓住扶贫先扶志、基层制度建设关键环节,将政策实惠落实到每一贫困户,其服务经验既有典型意义,又可为后续预防返贫延伸扩大全咨服务领域提供参照。在石门危险废物集中处置中心项目中,抓住设备投资高达总投资70%以上关键环节,提供设备驻厂监造全咨服务,其经验具有参照意义。

西安普迈项目管理有限公司韩城美丽乡村项目,以"一村一设计""一村一策",因地制宜贴合实际,优化原设计,

获得村民交口称赞,全咨服务效果良好。

七、协会作用充分发挥

行业协会在建设监理发展中起着举足轻重的作用。伴随着改革开放的进程,1997年1月24日,陕西省省级地方建设监理行业协会——陕西省建设监理协会应运而生。陕西省建设监理协会成立以来,在陕西省民政厅、陕西省住房和城乡建设厅和中国建设监理协会的领导与指导下,始终坚持"会员为本、服务立会、规范运作、依法治会"的宗旨与理念,以习近平新时代中国特色社会主义思想为指导,紧紧围绕陕西建筑业改革发展大局,积极实施"服务、协调、维权、自律"的四大职能,充分发挥行业协会桥梁与纽带作用,在服务国家、服务社会、服务行业、服务群众,参与乡村振兴、文明创建、慈善公益事业,推动陕西建设工程监理事业创新发展中作出了卓越的贡献。协会会员单位从成立之初的58家,发展到现在的495家,理事会成员从当初的74人发展到现在的149人。2010年3月,陕西省建设监理协会被民政部授予"全国先进社会组织"称号,2013年1月,又被陕西省民政厅评估为"4A级省级社会组织"。现在,省建设监理协会正在按照陕西省民政厅的要求,积极冲刺"5A级省级社会组织"评估工作。

"追赶超越、实现高质量发展"是陕西建设监理发展的鲜明特征。从陕西建设监理制度的发展与实践中,得到了几点启示。

第一,建设监理制度这项新鲜事物,在纳入中国工程管理机制后,其重要性和必要性越来越受到建设行业甚至全社会的认可。

第二,以监理企业为主体,以监理工程师为执业人员的建设监理制度的成功推行,是中国改革开放的一大成果,也是新中国成立74年尤其是改革开放45年辉煌成就的一个缩影。

第三,数字化监理、智慧化服务和全过程工程咨询服务发展拓展了新时代建设监理工作的内容,见证了陕西建设监理事业的发展壮大。同时,也表明了建设监理人员大有可为,监理工程师肩负的历史使命与社会责任神圣而伟大,新时代建设监理事业任重而道远。

第四,行业协会发展举足轻重。陕西省建设监理协会积极倡导和引领建设监理企业勇攀数字化监理和全咨服务转型升级高地,自主开发信息化监理平台,全咨服务具有鲜明陕西特色。

第五,社会上对建设监理工作的期望值很高,尽快解决建设监理行业存在的突出问题,转型升级高质量发展,快速提升建设监理行业整体水平,已成为当务之急。

发展成就来之不易,经验教训弥足珍贵。35年来,陕西建设监理制度尽管有新的创新和发展,但整体发展还比较滞后,与全省经济社会发展和工程建设发展的要求不相适应。存在的主要问题是:监理企业经营成本加大,监理行业发展质量不高;监理行业集中度不高,不利于良性发展;省内各区域监理企业发展不均衡,监理人员数量与在建项目数量不匹配;疏于管理、人员不到位、服务质量差等现象尚还存在。解决这些问题,既有顶层的设计,也有基层的贯彻实施,更有行业协会服务水平的进一步提升。陕西建设监理行业要认真学习贯彻党的二十大精神和习近平总书记4次来陕重要讲话指示,坚持习近平新时代中国特色社会主义思想。以开展纪念监理制度建立35周年和中国建设监理协会成立30周年活动为契机,扎实抓好施工阶段监理工作,加快推进信息化管理、智慧化服务和全过程工程咨询服务工作,强化行业协会自身建设,提升服务水平,"补短板、扩规模、强基础、树正气",当好"工程卫士、建设管家",为积极推进建设监理事业转型升级高质量发展而奋斗。

参考文献

[1] 中国建设监理协会.监理征程:中国建设监理协会创新发展20年[M].北京:中国建筑工业出版社,2008.
[2] 陕西省建设监理协会《创新发展20年论文集》,2017年。
[3] 陕西省地方志编纂委员会.陕西省志·建设志[M].西安:三秦出版社,1999.
[4] 陕西省地方志编纂委员会.陕西省志·建设志(1996~2010)[M].西安:陕西人民出版社,2016.

工程监理行业面临的机遇与挑战

杨应福

保山建昌工程监理有限责任公司

摘　要：随着国内经济高质量发展、经济转型升级，监理行业面临诸多挑战，企业面临监理业务减少，监理服务费锐减等，导致减员降薪，企业要生存和发展就要寻找机遇和探索新的管理模式，实现企业转型升级、重组，实行多种经营方式并举从而实现企业存在、发展和突破。这就需要我们监理企业积极参与国内监理行业竞争、创新发展，完善自身管理体系和管理模式，吸纳综合型专业技术人才，加强学习先进管理经验和方法，提高全员整体素质等，这样才能使我们的企业立于不败之地，成为监理行业中具有竞争力的工程技术咨询管理全能型企业。

关键词：监理企业转型升级；创新发展；技术咨询服务；专业化项目管理

一、工程监理企业的现状分析

监理行业正处在一个变革的时代，正经历由单一的监理模式向综合型项目咨询管理企业转变，是一个由量变到质变的过程。这导致监理行业处在一个由原来的平衡状态到不平衡状态转变过程当中，对于监理行业来说，要面临如下挑战和机遇：

（一）监理服务费全面放开的时代

监理行业自 2007 年 5 月 1 日起执行的《建设工程监理与相关服务收费管理规定》中第四条规定"建设工程监理与相关服务收费根据建设项目性质不同情况，分别实行政府指导价或市场调节价。依法必须实行监理的建设工程施工阶段的监理收费实行政府指导价；其他建设工程施工阶段的监理收费和其他阶段的监理与相关服务收费实行市场调节价。"原 670 号文由国家发展改革委 2016 年第 31 号令废止，根据《国家发展改革委关于进一步放开建设项目专业服务价格的通知》（发改价格〔2015〕299 号），目前工程监理费实行市场调节价，监理市场全面放开，企业靠实力竞争生存。

监理服务费的全面放开使供需矛盾趋于合理，供需矛盾随着市场需求的变化，使供需之间趋于平衡。增加监理企业之间的服务水平及价格的竞争，势必造成企业优胜劣汰。

监理服务与其价值趋向统一，通过放开监理服务费会使监理的服务内容、服务质量、价格价值趋于统一，也难免会出现价格恶性竞争，以压低价格的这种恶性竞争获得工程监理项目，导致监理服务水平不到位，可能会出现工程质量、安全隐患或事故。监理行业的存续的初衷就是保障国家和广大人民群众的合法利益，也是为了杜绝工程质量、安全事故发生而须存在的第三方监管方式。所以，选择监理企业不仅限于监理服务价格，主要评估监理服务质量和水平，还要审查拟建工程监理大纲。以优质监理服务、科学管理手段和依法依规地开展监理工作来确保工程质量和工程安全。

（二）监理市场竞争和监理水平偏低

在如今的监理市场自由竞争机制是监理行业客观存在的，这种市场竞争对刺激整个监理行业的内生发展动力和发展质量有着一定的助推作用，但是随着不规范、不正当的竞争出现，部分监理公司为了获得工程项目，采取了一些不正当的竞争手段，严重挤压了正规经营监理企业的生存空间，形成恶性竞争，扰乱了监理市场。这种压低监理服务价格开展的监理项目，得到的是监理服务不到位，更会给工程质量、安全埋下隐患。

（三）强制性监理制度逐渐退出，按照市场化的要求，监理价格不得不放开，同时强制性监理的范围也正在逐步缩小。

（四）市场准入标准如何实现适应市场化的体制，如果是市场化体制的话，市场准入也不是强制性的，也不是政府性的。根据监理行业改革的有关规定，减少或淡化监理企业资质，强调注册人员执业水平的考核，比如对甲级监理企业配置的注册人员数量大幅度减少，虽然企业准入门槛降低了，但是要求强调企业的流动资产的规模须达标，同时监理规范也规定一名注册监理工程师只能担任一项建设工程监理合同的总监理工程师，当需要同时担任多项建设工程监理合同的总监理工程师时，应征得建设单位的书面同意，且最多不得超过3项工程，也就是说甲级资质的监理企业，仅有规定的几名注册监理工程师也是无法满足企业发展需求的。

（五）政府的管理职能逐步退居后线，以前监理行业是以政府监管为中心的管理体制，政府监督指导社会行业自律的管理体系，现转变为以监理机构监管为主，建设主管部门进行抽查五方责任主体的质量安全行为和督促检查工程实体。

二、监理企业面对的新形势

（一）监理行业资质改革。由国务院

2020年11月11日国务院常务会议审议通过的《建设工程企业资质管理制度改革方案》，以习近平新时代中国特色社会主义思想为指导，贯彻落实党的十九大和十九届二中、三中、四中、五中全会精神，充分发挥市场在资源配置中的决定性作用，更好地发挥政府作用，坚持以推进建筑业供给侧结构性改革为主线，按照国务院深化"放管服"改革部署要求，持续优化营商环境，大力精简企业资质类别，归并等级设置，简化资质标准，优化审批方式，进一步放宽建筑市场准入限制，降低制度性交易成本，破除制约企业发展的不合理束缚，持续激发市场主体活力，促进就业创业，加快推动建筑业转型升级，实现高质量发展。

对部分专业划分过细、业务范围相近、市场需求较小的企业资质类别予以合并，对层级过多的资质等级进行归并。改革后，工程监理资质分为综合资质和专业资质，专业资质等级压减为甲、乙两级，取消丙级。资质等级压减后，中小企业承揽业务范围将进一步放宽，有利于促进中小企业发展。

针对部分监理企业原来的丙级资质在过渡期内，抓紧完善新的乙级专业资质就位的各项软、硬件条件，如果监理企业不积极完善新的乙级专业资质，过了过渡期，监理企业何去何从，这是对企业生存与灭亡的考验。在同一资质的级别要对照具有先进管理的监理企业，探索寻找和他们之间的差距，认识到不足，努力提高监理水平。

（二）监理行业由于是一个技术服务性行业，主要依靠的是企业的信誉，在日益激烈的竞争形势下，监理企业的企业信誉愈加重要，如果监理在服务过程中出现事故致使发生处罚和赔偿事件

后，监理企业将会身陷资金的困境，那么，监理企业如何保证高效良性的运转，这就需要监理企业在软硬件实力上作出努力和改变，提高企业的专业技术和管理水平，树立优质服务意识，严格监理、秉公执法，依法依规开展监理工作，做到业主满意，主管部门认可。

（三）监理企业在建设过程中对规范建设工程程序管理、保证工程安全质量等方面起到了重大作用，但是随着社会对监理服务要求的提高，监理服务也要与时俱进，改革创新。作为监理企业自身，需要重新反思自身的服务水平、内容和标准，如何标准化自身的监理服务、提高企业的管理水平，以适应现在市场的社会需求，引入高科技管理，如5G数字化监理、智慧工地等先进的监管方式，努力使监理服务水平得到全面提升。

三、监理企业采取的策略

（一）根据国家政策，进行提升转型升级、重组

根据《建设工程企业资质管理制度改革方案》"放管服"改革精神，以及优化营商环境简化资质标准等规定，如果监理企业能升级，就将企业进行合并重组。监理企业可以从横向和纵向两个方面拓展，一是横向拓展，成为监理企业综合型的领航者，在继续保持监理主业优势的前提下，大力发展相关领域，从前期咨询、试验检测、测量测绘、造价审计、安全管理等方面进行入手，逐步将工程监理的横向相关领域变为自身优势，打造一个综合性更强的企业，同时又能更好地支持监理主业。二是纵向拓展，从一个项目前期策划、可行性研究、设计管理，到工程招标、工程造价、施工监理、

项目管理的全过程、全周期的综合服务。

其组合模式有全过程项目管理＋工程监理＋全过程造价＋……；全过程项目管理＋工程监理＋……；全过程项目管理＋全过程造价＋……；工程勘察设计＋全过程项目管理＋工程监理＋全过程造价＋……。目前全过程咨询服务或项目管理公司的条件基本上是具有工程监理综合资质的工程咨询单位可以胜任。

（二）迎接行业变革，重塑企业品牌

监理行业的变革从未停止，而从监理的招标投标形式和监理运营机制来看，在行业急速变化的形势下，优秀的品牌是十分重要的，而这需要监理企业从三个方面打造。

1.创新监理服务模式

监理企业在立足施工阶段监理的基础上，继续向建设全过程、全周期拓展服务，提供项目咨询、设计管理、代建管理、项目后评价等咨询服务，让业主能在监理企业内完成相关所有的服务，一站式地满足业主的所有需要。

2.创新监理激励机制

由于监理项目工作具有独立性和单一性，监理企业可以实行项目负责人制度，同时配套相应的独立的内部激励机制，对项目实施成果的好坏进行考核，由项目负责人即总监理工程师负责制定监理部管理制度，实行公开、创新以及奖罚等，实行目标管理，完成预定的目标任务、奖励积分，以积分来兑换工资奖金的激励机制，这样既激励了项目监理部全体人员的工作积极性，又能解决项目监理的短板，从而使监理企业摆脱困境。

3.加强专业技术人员培养及增加投入硬件设施

根据市场及项目需求有针对性地培养或招聘相应的专业技术人员，监理工作对专业技术人员的专业素养和技能要求非常高，也需要知识面广泛的专业技术人员进行有偿技术服务。根据实际监理工程所涉及的领域，专业技术人员还需要有一定知识面的广度和深度，以及较高职业素养和职业操守，否则很难胜任工作。

提升监理企业的设施设备，目前的监理工作中，由于监理收费较低，企业利润少，监理部人员很少能配备相应的办公设备、专业检测工具等。但这些设备和工器具又是工作中必不可少的，监理企业应从项目实际需求出发，合理地配备相应的硬件设备设施，有效提高现场专业技术人员的判断力、准确性和工作效率。

监理工程师是综合管理服务型专业技术人员，尤其是监理企业的骨干人员需要长时间的培养，因此，应该将专业技术人员管理作为长期规划，多渠道吸纳、培养和提高监理人员的专业技术水平，主要做好两方面的工作：

1）提高待遇收入，高素质的综合型技术人员需要较高薪酬，而监理企业相对收入较低，但是通过前两方面的改革，再加上参与国家投入的大项目，相信监理企业的收入将显著提高。

2）大力推行行业培训工作，与高校或发达省市监理公司进行合作交流，采用直接培训和专题研究的形式，开展各个层次和各个专业的培训，开展交流学习，通过与发达省市同行业间的交流、互访活动，取长补短，使监理企业专业技术水平更上一层楼，达到不断完善自身短板的效果。

3）增强监理企业的竞争力建设。为达到社会对监理的新要求，要在复杂的国内环境下提高监理企业核心竞争力，需要继续加大科技投入，积极引入先进的检测手段和信息化、网络化技术。创新监理的专业化和标准化，在工程监理技术、管理、组织等方面继续提升，探索行业内的联合管理和行业外的联合经营，主动参与业界竞争。在监工程项目上探索实践，培养锻炼新生力量，磨炼造就专业技术骨干，使得整体综合监理水平和综合素质提高，使企业技术专而精，监理业务技术水平越来越熟练，只有这样监理企业才更有竞争力。

总之，当下国内环境的不断变化，监理企业面对多重严峻的考验，要想在竞争中立于不败之地，就要开拓创新，打造自身优势，树立较强的市场竞争精神、经营理念和服务意识，积极拓展企业的业务技术范围，将目前的施工阶段监理技术服务扩展为全过程、全周期的工程技术咨询服务，逐步成为监理行业的领航者，乘高质量跨越式发展的东风，实现多种技术咨询融合发展，监理行业在通过5G数字化监理、智慧工地等先进的监管方式来为我们的工程安全及质量保驾护航，让监理管理水平上新的、更高台阶，使企业转型升级，同时也要实现多元化发展，要成为监理行业中具有竞争力的工程项目管理公司。

参考文献

[1] 李彦平.关于监理行业与的现状及未来发展方向的思考[J].云南建设监理, 2011 (3)：39-41.
[2] 吴应召，陈海峰，胡鹏.浅谈我国建设工程监理现状与发展[J].民营科技, 2013 (7)：136.
[3] 阮润，刘相玉，温志国.我国建设监理发展与改革的几点思考[J].建设监理, 2018 (1)：8-11.
[4] 王斌业，纪常亮.浅谈目前国内监理行业的现状及需要改革方向[J].建筑工程技术与设计, 2016 (14)：3324.

民营监理企业攻坚破难的基本方略探讨

李桂芳

广西万安工程咨询有限公司

摘　要：笔者纵观当前建设工程形势，指出当下民营监理企业面临的生存和发展困境形成的主要原因是企业存在人才"招聘难、留住难、使用难"三难问题，很难满足建设单位的需求，且在转型升级的道路上跌跌撞撞，蹒跚而行。为使企业破难攻坚，走出困境，笔者通过实践得出，企业应加强对项目监理部的"三检"，不断发现问题，解决问题；整合资源，营造坚固的内生动力，紧跟形势，达到转型升级的目的。

关键词：民营监理企业；人才匮乏；破解难题

当下，经过30多年风雨洗礼的监理行业，特别是民营监理企业，能抵御建设工程低迷风浪的只有凤毛麟角，大部分中小型企业是度日如年。究其原因，客观上来讲，建筑行业工程体量急剧下降，本就僧多粥少、低价中标的监理行业竞争更是愈演愈烈。加之民营中小监理企业体量小、人才匮乏、社会资源较少，社会上对监理行业也颇多微词，监理的作用、定位，至今争论不休。面对这样一种现实，民营监理企业已走到了生死存亡的十字路口。如果为等待房地产重新兴起而继续观望有可能错失良机，一蹶不振使企业走向滑铁卢境地。俗话说，预则立、不预则废。走在新时代中国特色社会主义道路上迈向市场轨道是大势已定。市场价格是由供需关系决定的，客户需要的是货真价实的物品而监理提供的物品即是服务。只有提供使客户满意的服务才能在激烈的竞争中胜出，使企业生存下去。目前，政府主管部门也出台了一系列政策，给予正确的引导，如全过程咨询、政府购买监理服务等。坐着等不如撸起袖子干。练内功、夯基础、出活力，促企业实力提高，得到社会的认可。人们也常说，企业的竞争是商品的竞争，商品的竞争就是人才的竞争。这是一个不争的事实。实践业已证明，企业的兴衰关键的因素就是人才，监理企业尤为甚也！那么民营监理企业的人员整体情形如何呢？只有通过调查、分析，找出问题的源头，才能切入解决措施，实施人才战略，达到企业转型升级之目的。

一、民营监理企业"三难"问题

（一）招聘难

监理服务费偏低，难以支撑优秀人员的聘用。建筑行业流行着这样的传言，"一流人员搞设计，二流人员当业主，三流人员做施工，四流人员做监理"。可想而知，对于"十年寒窗"的学子或是具有一定能力的人员而言，监理行业无论是社会地位还是个人报酬方面，都难以吸引他们涉足。

（二）留住难

为降低管理成本，监理公司对项目监理部门只能粗放管理，少数监理单位不能严格执行合同、相关规范要求，将相应的总监及监理人员配备到位，做到人证相符，到岗履职。还有的监理单位平时监理人员所剩无几，承揽到业务后临时招收拼凑一些人员组成项目监理机构，其中有些人员既无上岗证书也未进行相关培训，连基础的监理知识都不具备；一旦上级政府部门检查处罚或建设单位施加压力，监理人员受不了，要求离职，从而导致人员流动性大，监理工作难以连贯进行。

（三）使用难

项目总监是项目机构的灵魂，是履行责任的中心。

有的项目总监长期游离于一些小项目，业务水平得不到提高，业务能力不全面、理论知识更新不及时、语言表达能力不强，不能较好地组织、领导项目监理工作。有的总监虽然有较强的工作能力，但身兼几个项目，身心疲惫，难以招架项目繁忙的事务，从而造成工作上的疏漏和不到位，这也是中小型民营监理企业的通病之一。

项目总监疏于管理就会带来一系列的问题。如缺乏现场培训，对于刚入职的现场监理人员，在这种无人过问的环境下，年富力强的中坚力量成长、人才梯队的培养，建设满足时代发展的需要就成了一句空话。

如有的监理人员未做到持证上岗，也未接受系统的专业培训，对如何开展监理工作不甚了解，错误地理解监理工作就是对施工单位现场进行技术管理，工作职责同施工单位的质检员、安全员一样。

日常监理工作的安排无具体规划，当天的工作不能当天完成，监理日志演变成为"回忆录"，很多重要内容、事项未能记录下来。

监理人员难安排，大部分监理人员留恋城市，不愿意到边远山区，以至于城市人才拥挤，边远地区人才匮乏。此外，部分地区水电专业人才较少，项目各专业配备欠合理，这也是使用难的原因之一。

二、破解"三难"问题

新的《安全生产法》已经将监理企业定义为"生产经营单位"。实践业已证明，作为生产经营单位无非是要抓好"目标明确、压实责任、执行到位、权责落实"。泛泛而谈的目标或不切实际的目标，坐而论道的责任，执行力的匮乏都是管理上的大忌。实际上归结到一点还是人的问题。

要破除"三难"，促使企业稳定发展，一般而言，应采取从上而下，用好方法，由上推动，基层响应，培养内生动力，抓好"三检"，驾驭全局，破难攻坚的策略。

（一）要抓好项目监理部的"自检"

要年复一年，日复一日地做好日常工作，使现场监理人员做到不"厌"、不"烦"，愿为"三斗米折腰"，愿为项目躬身实干，做到落实项目监理工作"自检"，压实监理责任，这并非一日之功，无法一蹴而就。要调查分析，择优配备项目监理人员，形成"抓总监、总监抓"的局面，从而实现"自检"目标。

1. 择优配备监理人员为科学高效地提升监理成效，最大限度优化监理工作，人力资源部门应精准全面地招聘及筛选监理人员。

一方面，应以专业技术标准及职业道德标准作为主要的选用聘用依据，筛选出高素质的监理人员。拥有科学且精细化的技术能力和较高的职业道德，能够促使监理人员更好地完成本职工作，也能够整体优化监理队伍的素养。在研判专业技术以及道德素质的过程中，要不断细化衡量标准，如大专以上学历和中级以上职称，良好的职业道德，高效的组织、沟通协调能力等。

另一方面，还应该注重筛选能吃苦耐劳的优秀监理人员。监理人员需要深入现场，动态化地实施监理，同时还需

要把握重点环节以及关键工作。因此，需要筛选出勤奋积极的监理人员，以便引导他们全面深入地开展监理工作。此外，还应该选用原则性强的人员。不可否认，部分监理人员为谋取私利，可能同建设单位或施工单位进行利益勾兑，不利于保障监理监督的公平性与公正性。因此，应该注重选择原则性强的监理人员。

2. "抓总监，总监抓"

"抓总监"就是要体现项目总监作为第一责任人的要求。项目总监是监理公司与项目监理部之间的桥梁纽带。实践证明，一个称职合格的总监，可以使"自检"工作达到事半功倍的效果。所以，根据项目具体情况和业主对项目人员配备要求，通过全方位筛选，进行优化组合，打造既有专业素养，也考虑人员性格上的取长补短，会经营、懂管理、能监督的优秀团队。

在"抓总监"的同时，还要求总监发力，做好"总监抓"。公司应该给总监制定约束和激励机制。为项目总监制定《项目总监履职巡查表》，要求总监每月自行填写打卡记事，将考勤天数、考评内容、自检次数、解决的问题等一一记录在案。同时，公司要与项目总监签订《项目总监目标责任书》，给项目总监定目标、定责任、压任务。

总监是一个项目的主心骨，"总监抓"还要抓好其他监理人员的工作。带好一支团队要做好团队的引导、管理工作，明确目标、分工负责、检查落实、奖罚分明，把日常的"自检"工作落实到位。

通过"抓总监、总监抓"，把各项目监理部的自检工作引入正常的轨道。习惯成自然，以良好的惯性矫正

"厌""烦"的不良习性，促进项目监理部完成日常对表、对标工作及其他每日必须完成的监理工作任务。

（二）要抓好项目监理部的"月检"

在长期的监理活动中不难发现，中小型的民营监理企业承揽大规模且优质的工程建设项目较少，只能"揽"一些大公司不愿意干的小项目，才能解决"无米下锅"的窘境。小项目一般分布在边远乡镇村处，点多面广，这又会给监理企业的管理带来诸多不便。比如边远山区的小项目，监理费用低，交通不便、食宿困难，现场监理人员和项目总监难以长期"猫"在工地。但是，"麻雀虽小，肝胆齐全"，尤其是房建项目，对监理人员业务的全面性要求还很高。这些小项目，分公司情形更甚。"天高皇帝远"，总监难履职、公司难监管、上级难监督、素质难提高，只有"人放天养"，等到总公司每季度一次的检查，过程控制难把握，检查整改效果差。因此，应该抓好"月检"，把月检作为督促小项目发现问题、整改问题的重要抓手，不可偏废。要抓好月检并使之有效，必须采取既切合实际又能达到效果的方法。

一是制定"月检"制度。月检不仅在频次上增加了"被遗忘在角落的项目"的巡视，同时，也是追踪质量安全隐患问题的"回头看"。相对而言，发现问题的难度不是很大，难的是如何解决问题，因此，提出切实可行的解决方案或整改措施，并做到可追溯、可复查、旁站式、可视化的落实跟进管理更为重要。要做到问题的可追溯，对问题责任者的处理及问题整改落实情况的可追溯，监理日志和验收资料的可追溯；为此，需要巡检小组对发现的问题整改情况进行复查，不仅要求提供书面报告，还要真正做到闭环管理，发挥应有的巡查效果。

二是边检查边培训，做到检查一片，培训一片，提升一片。在"月检"的基础上，全方位地对小项目监理部进行调查研究，摸清监理人员个人业务水平、思想状态，征求项目业主对项目监理人员的看法，然后系统地评估打分。每个月，公司项目监理部管理部门，对月检的情况要进行综合分析，多管齐下，因项目而异，有针对性地做下一步部署。

三是业务培训部门，应该依据月检的反馈，适时制订培训计划。采取个别培训与集体培训相结合、理论与现场实际相结合、自学与帮学相结合的方式进行。旨在提高边远小项目监理人员的业务水平。重点是采用业务交叉法帮助现场监理提升业务能力，如帮助擅长土建专业的监理人员学习水电业务知识，以及提升垂直运输机械的水平。只有补全短板，才能使监理人员全方位胜任自己的工作。

四是做好项目监理人员思想工作，给他们送关怀，使他们感受到大家庭的温暖。有些小项目，地处大山里，现场监理项目部长时间远离城市缺乏情感交流，从而产生调离或辞职不干的想法，这不利于企业做好监理工作。

五是要培养对工作的高度责任心。应该利用企业的网上交流平台，做好正能量好人好事的宣传，如编写一些小故事，表扬现场监理工作做得有亮点的项目监理部，特别要宣传发扬监理工作的"责任、担当"精神。只有责任感强的人才能全身心投入工作，有担当的人才敢挑重担，挑得起重担。监理人要在法律法规和合同范围内切实履行自己的职责，坚守自己的工作岗位，落实好本职工作任务，创造更优价值。

（三）要抓好公司的"季检"

公司的季检是提升监理人员全方位素质，发现解决具普遍性、深层次问题并闭环管理的重要环节。季检是在自检、月检的基础上做全面考评，透过现象看本质，入木三分地分析项目存在的问题，指导监理部取长补短，以点带面，总结经验教训，推动整体工作更上一层楼。因此，季检不能走过场，要检出问题、检出水平、检出效果。

配备一支高素质的巡检队伍能在较短的时间内检出问题，现场分析，找出症结，并做现场指导；巡检人员应具有较高业务水平且有责任心、有担当、身体好、沟通协调能力强，能在现场解决实际问题。企业季检虽然是每三个月一次，但要把巡检的作用体现出来，不能随便找几个监理员，或是临时安排几个专监巡检了事，以应付上级检查。

每次季检务求实效。一般季检前，监理企业应组织召开巡检人员学习新形势下监理工作新政策、新规范、新标准，修改好《巡检工作表》，提出巡检的目标、需要解决的问题。季检后，要对季检工作进行总结，将巡检情况做书面汇报，并统计巡检发现和解决的问题，列出详表，提出整改措施意见。同时发出巡检通报，实施奖罚。

巡检中，必须严格按照监理企业巡查提出的各项整改建议对照监理部管理中心制定的实施方案逐项落实，不丢项、不糊弄，一步步扎扎实实推进。同时对相关问题或施工质量、安全施工缺陷进行梳理分类、逐项分列问题清单，举一反三，严检严查，并将问题清单反馈到责任人员，建立问题台账、制度台账和整改台账，切实做到问题底数清、整改责任清、查处结果清。这样才能做到闭环管理。

巡检后，进行现场案例教学提升人员素养。在监理人才的培养过程中，科学的现场案例教学是十分必要的。每个工程项目都具有典型性与特殊性，监理人员在介入工作前，必须明确工程项目的特征，精准把握工程项目建设的重难点，以便在后续的监理工作中，能够做到有的放矢，切实提升监理工作实效。

为此，监理企业可以在事前进行集中的现场教学，结合工程项目设计图或者建设方案等开展研讨分析会议，引导广大监理人员畅所欲言，就即将开始的工程项目监理工作提出不同的看法及意见，明确监理工作的重难点，切实把握监理工作的关键环节。可以说，只有依托科学且高效的监理模式，才能够切实提升监理服务质量。当然，在培养监理人才

时，监理企业还可以采用案例教学法，通过反面案例科学授课，引导监理人员在工作实践中，有效规避常见的监理漏洞；同时通过反面案例，还能够对监理人员进行必要的警示教育，不重蹈覆辙。

综上所述，通过破解民营监理企业"三难"问题，创新采用"三检"方法，可夯实中小型民营监理企业转型升级的基础，这是我们期待的工作效果。

以项目管理为核心的全过程工程咨询服务实践

——某综合楼项目全咨项目实施案例

乔建杰　　杨征购

西安铁一院工程咨询管理有限公司

摘　要：本文介绍了西安铁一院工程咨询管理有限公司对西咸新区泾河新城泾河智谷综合楼全咨项目的过程实践总结，通过全咨模式下项目策划、进度控制、设计管理、造价管理过程，强调项目管理预控的重要性，通过运用智能化、信息化管理手段，提高整体管控成效。

关键词：全过程工程咨询；策划；预控；造价控制；智能应用

西咸新区某综合楼地处泾河新城泾河湾院士谷核心区位，项目位于泾晨路以东，泾河五街以西，湖滨一路以北，湖滨二路以南，项目共分两期开发，一期定位是以商务办公为主体，集成了会议、展览、商业等配套的高端办公场所。规划用地面积45030m²，总建筑面积206344m²；分为A、B区（分别由一栋15层塔楼和3栋5层裙楼形成回字形合围结构），塔楼地上15层，地下2层，裙楼5层，基础类型为筏桩基础。一层主要为办公大堂、办公门厅，部分商业；二层为办公及部分商业；三层及以上均为商务办公、会议及部分公共空间。地下一层，主要为接待厅、车库及设备用房；地下二层为车库及人防设施，总工期550日历天。

①建设单位：陕西省西咸新区泾河新城投资发展有限公司；

②全咨服务单位：中铁第一勘察设计院集团有限公司＆西安铁一院工程咨询管理有限公司（联合体）；

③全咨服务内容：项目管理、设计管理及优化（初步设计及施工图设计）、造价管理、工程监理；

④全咨服务成果：缩短工期，节省投资，受到建设单位的充分肯定；

⑤项目组织模式：项目承包方式采用EPC工程总承包；

⑥咨询服务方式：建设单位监控下的全过程工程咨询。

一、项目管理前情摘要

建设单位在项目完成可研后即进行了EPC工程招标，EPC进场后才组织全咨服务招标。相对一般全咨项目，工作介入时间较晚，对于设计端的预控略显被动。鉴于项目工期紧张，在实施过程中，EPC设计单位从方案设计直接进入了施工图设计（跳过了控制概算最重要的初步设计阶段），给项目投资控制带来了巨大的不确定因素。

二、项目管理重难点分析

（一）项目定位为泾河新城院士谷区块高端商业办公建筑，由于土地性质原因，后期基本以对外出租为主，所以客户需求很难在前期做好统筹，故在进场之初需要进一步对接后期运营部，挖掘可能的意向客户的进一步需求，明确设计端的基础信息，避免产生不必要的投资浪费。

（二）造价咨询工作难度大。EPC设计单位从方案设计阶段直接进入了施工图设计（跳过了控制概算最重要的初步设计阶段），给项目投资控制带来了较多的不确定因素，对造价预测算及预控制提出了更高的要求，需要造价及设计团队深度协作，深度融合。

（三）项目管理之工期策划及管理难度大。项目合同总工期550日历天（含90天的施工图设计时间及前期报批报建时间），经综合测算可用于施工阶段的有效时间约为486天，单位时间需要完成的投资强度较同类项目高15%；同时过程中还受制于35kV高压线以及特定会议、特定事件等较多不确定因素的影响，对项目管理提出了更高的要求。

三、全咨服务为业主解决的痛点及工作成效

（一）痛点分析

依托企业人才优势，在投标阶段就组建专业技术团队深入研究招标文件，重点研究发包人要求，由公司技术总工牵头核心技术团队编制全咨大纲文件，在项目中标后公司将参与编制全咨大纲的核心技术力量委派至本项目参与全咨管理，体现了对全咨业务的高度重视，项目管理部人员在进场后立即同建设单位进行深度交流，了解发包人其他EPC项目的管理痛点，在策划阶段深入研究总结如下：

1. EPC项目成本控制难，以往其他以EPC模式实施的项目多数以项目结算超概算，建设单位与总承包单位陷入争执的循环中。

2. 功能未达到最优，偏离了最初的设想，未能实现项目在可行性研究阶段的设想或未能拓展实现更多附加值。

3. 多数项目工期滞后，个别项目交付后质量问题频发，交付成果未达到最初的管理目标。

针对上述三个难点，公司认真研究，组建了专业人才队伍，由铁一院集团建筑专业院提供辅导，选派至少从事过项目管理、代建、工程总承包、设计咨询、造价咨询等五项业务中的两项及以上人选；造价咨询部、设计咨询部、监理派驻人员更是深耕专业领域的多面手，为项目的完美履约奠定了扎实基础。

（二）全咨项目部措施及成效

1. 以项目管理为核心、解决痛点

质量目标、工期目标是全咨工作任务的核心目标之一，也是困扰建设单位的痛点，本项目合同质量目标仅为合格工程、工期目标为550日历天，俗语有云"求其上者得其中，求其中者得其下"，一个好的管理目标能使得管理工作有序而严谨，全咨部进场后即就项目管理目标同总承包单位进行深度沟通，得知本项目是总承包单位在该地区第一个项目，并有继续在地区内拓展业务的意愿，我部抓住这一心理同总承包单位进行建设性沟通，达到了良好的效果。最终确定项目策划目标为总目标为"长安杯"；质量目标为"省优质工程"；安全文明管理目标为"省文明工地"。

为实现上述目标总承包单位也有投入的意愿，管理目标的确认进一步促进了总承包单位对项目管理单位的服从性，全咨单位也同时将管理监督与服务协同实现齐抓并进。

1) 策划先行

首先编制总控策划书，为项目进度目标保障提供支撑，为后续工作有序开展创造条件；而策划目标的实现离不开最基础的设计任务与施工组织关联分析，设计进度与现场施工衔接，现场施工有效组织都是必须分析的重点事项，目前相关进度管理成果实现了提前20天完成正负零目标；2022年10月及11月由于疫情影响导致总进度计划实现出现新的瓶颈，通过对项目设计图纸及施工方案的充分再梳理，对施工技术分析、试验规划和施工组织方式挖掘潜力，分析原总进度计划中可利用的自由时差重新调整了进度目标，依照目前进展来看基本可实现较原计划提前70天完成竣工验收的目标。

经项目全咨部同总承包单位过程中持续优化施工组织方式，现场实际进度远远超过了建设单位的心理预期，建设单位对此提出高度赞扬。本项目施工组织策划做到了3点。

第一，充分考虑项目场地周边环境特点、制定合理的施工总平布置方式。

第二，研讨施工组织策略、深度研究可挖掘的进度潜力。

高压线拆除前：总承包单位2021年5月6日签署合同，受场地条件限制以及横跨项目西南角35kV高压线路影响，导致前阶段现场施工组织严重受限，基于当时情况，全咨部充分同电力部门进行协调，后经充分沟通发现短期内该高压线不具备拆除条件，我部组织经验丰富的施工专家讨论项目施工组织策略，如何在保证安全的前提下，实现阶段性施工有效推进，后经研究我部提出三个施工组织策划设想，组织建设单位、总承包单位召开专题会议研究可行性，最终折中方案被采纳，促使项目在2022年4月1日前完成施工产值8000万元。

高压线拆除后：在2022年新年后我部接收到电力部门积极反馈，初定2022年4月1日计划进行该区段高压线拆改，全咨部立即开展对项目进度总策划的修订，因该工期延误由于不可抗力造成，建设单位根据合同确定的总计划完成时间为2023年9月10日，经内部

研究将剩余工期确定为468天并组织总承包单位重新梳理施工总计划，最终确定本项目内控工期目标确定为2023年6月30日。目前按此目标正有条不紊地开展中。

第三，规划群塔点位分布、提前考虑材料周转便利性及安全性。本工程项目划分为2个标段，在建设单位信任和授权的情况下，由我部组织两个标段召开工作界面划分会议，通过明确的界限划分，明确各方主体责任，减少推诿扯皮现象。在工作推进中积极协调和处理两个标段相邻处的群塔作业产生的矛盾和纠纷，通过不断地协调，两个标段的施工单位都能从大局观出发，在取得自身最大利益化的同时，兼顾建设单位和兄弟单位的合法利益不受损失，圆满完成了建设任务。

2）动态调整施工组织方式、实现工期及投入最优

施工现场是一个动态实施的过程，前期的施工计划往往伴随着工程进展受多方因素的影响，导致在具体实施的时候出现偏离，受西安地区多次高层会议的举办、全国疫情蔓延等因素的影响，现场施工进度出现了实际与计划偏离的情况，立即组织召开专题会协调总承包、各级分包单位针对可能出现的滞后情况进行沟通，督促相关单位进行预纠偏，如发生人、机、材料等主要制约因素影响现场进展时，对相关单位进行警示约谈。特别是在具备多个作业面时，总承包单位及劳务分包过度考虑班组利益，想按流水施工进行流水作业，班组人数配置不足以满足内控进度计划要求，发现该情况后全咨部立即组织总承包单位及劳务分包单位召开专题会进行沟通，站在双方立场进行阐述，特别是通过节

约工期可以节约材料及设备租赁费、管理费等涉及其核心利益思路，晓之以理，最终达成共识，增加了施工班组，基本将原本计划的流水施工转变为各区块同步施工，这也促使项目里程碑节点全面完成±0.000提前了20天。

3）策划落地重监督、重要材料跟到底

根据专业工程进展情况，督促总承包单位上报材料进场计划，全咨部组织专题会议根据设计图纸以及预算清单材料表整理汇总各专业工程材料进场明细，摸底总承包单位及各分包单位材料下单、排产、进场情况，确保现场不出现停工待料的情况发生，通过持续的跟踪落地督促，总承包单位和专业分包单位感觉到了压力，转变了观念，不再采用欺上瞒下的方式进行敷衍，最终实现了大家一起朝一个方向努力的良好局面。

2. 以满意交付为追求、全心全意为建设单位做好设计管理服务

适用性是评价项目价值交付的关键指标，全咨单位在充分尊重整体设计方案的基础上，从设计适用性、经济型等方面对项目各功能单元进行性价比分析，提出了多个优化建议，多项被建设单位采纳，既为项目顺利实施提供了条件，同时节约了成本，以下列举几个点进行简谈：

1）设计成本优化

基坑围护专项设计由中冶成都勘察设计总院设计，因其对西安地区及泾河板块地质情况不熟悉，且设计周期时间紧，故其设计较为保守，安全系数过度放大，全咨单位基于铁一院多年的西安地区丰富的勘察、设计、监理经验，通过仔细研究本项目地质勘查报告，做精细化分析，对本工程基坑围护结构方案

进行了多方面优化，其中将围护桩长度进行了优化，较原方案缩短2m，该方案经专家论证通过，仅围护桩节约造价36万元。

幕墙工程专项设计蓝图出具后经测算存在超概情况，我全咨设计部牵头邀请建设单位召开专项优化会议，我院幕墙设计专家提出了多项优化意见：①改变三角铝板区域龙骨形式，使得用钢量大幅减少；②减少幕墙三角铝板伸出墙面的长度，通过现场设置样板对比，最终将原设计方案伸出长度900mm调整为600mm；③优化层间铝板厚度，进一步降低铝含量；④原设计方案玻璃分割存在问题，板面超过设计规范面积标准，后要求设计单位优化玻璃分割方式。以上种种既保证了幕墙整体外观效果，也进一步降低了幕墙工程造价，后经测算幕墙工程已控制在概算内。

2）设计功能优化

全咨设计部在设计阶段适时跟踪设计进展，过程中把控，EPC设计单位在提供设计图纸初稿中我部就安排专业工程师进行审核，对人员动线、休息区、卫生间、大厅、下沉广场、地下室等关键部位进行了重点把关，通过对后期使用功能预演设想，分析可能存在的功能缺陷，例如原设计图纸中塔楼3层以上男士卫生间整层仅2个蹲便，不满足设计标准规范和后期办公楼交付使用要求，我部发现后立即同设计单位及建设单位进行沟通，后被采纳将男卫的布局进行了调整，调整后男卫蹲便由原方案中的2个增加到了4个，可满足后期楼层内办公人员使用要求。

3）其他优化

提升对设计优化的认识，设计优化不仅要考虑功能、效果、造价，更要考

虑后期使用维护便捷及费用。为此全咨项目部从全生命周期成本角度考虑，建设期部分增加投资是可行的，也有设计未考虑后期使用过程中损坏更换的问题。例如：①本项目原幕墙设计中幕墙安装节点安装方式存在后期玻璃更换需要从室内拆除复合铝保温板的问题，经我部专家研究调整安装顺序和安装方式，最终节点解决了幕墙玻璃更换的难题，后期玻璃破损再也不需要从室内拆除复合铝保温一体板便可进行玻璃更换；②核心筒楼梯装饰装修方案中为瓷砖踢脚线，成型后突出墙面2cm，成型后不美观，且施工难度大，后期更换时材料的裁切拼缝质量不易控制，通过同设计单位沟通，经建设单位同意后更换为金属踢脚线。

4）技术应用、突出成果

积极推进BIM管理及BIM优化，对全场景进行管线优化、净高分析、结构与安装进行错漏碰预演、危大钢结构工程斜梁部位进行施工演练完善施工方案等，BIM成果突出，效果显著，目前项目精装公共区域经BIM管线优化较原设计实现了净空提升10cm。建设单位给予了高度评价，提高了全咨单位设计管理BIM团队在建设单位心目中的地位，使项目综合管理水平有了更大的提高。通过全咨单位组织的BIM工作推进会，对EPC总承包单位BIM建模审查和指导，通过各方共同努力，本项目获"秦汉杯"BIM建模大赛二等奖，充分发挥了全咨服务和指导作用。

3. 建立造价管理秩序、有的放矢地做好控算工作

1）设计阶段造价咨询

（1）采用适当的设计标准，优化设计方案。全咨单位要求工程总承包单位在施工图设计过程中，一定要严格执行总承包合同中约定的设计标准。在设计过程中，要注意各专业之间设计标准的统一和匹配，一个专业设计标准再高，与其他专业不匹配也会造成投资浪费。同时，要拟定多种设计方案，由设计人员提出满足业主要求的多种设计思路，由造价人员进行经济比较，在满足设计要求的前提下选择投资额最低的方案，让设计方案在造价可控范围内得到有效落实。

在本项目实施过程中，全咨造价对耐磨彩色混凝土与环氧自流平地面的成本进行了比较分析。本项目地下车库施工图纸地面面积 24254.94m^2，根据《建筑用料及做法》陕09J01，面层为在混凝土面层上撒彩色耐磨固化剂，根据市场价格 30 元 /m^2（含税成活价），总造价约为 72.77 万元。如果采用环氧自流平地面（2厚环氧自流平），根据市场价格 60 元 /m^2（含税成活价），总造价约为 145.55 万元，最终采用了耐磨彩色混凝土工艺，节约造价 72.78 万元。

（2）紧抓限额设计，密切追踪限额设计落实。限额设计是按照批准的投资估算控制初步设计，按照批准的初步设计总概算控制施工图设计，同时各专业设计在保证达到使用功能的前提下，按照分配的投资限额控制设计，严格控制初步设计和施工图设计的不合理变更，保证总投资限额不被突破，从而达到控制工程投资的目的。在必须满足安全规范所要求的条件下，原则上对整个工程实施费用或成本限额设计，并对重大项目（包括变更）进行价值工程分析，进行多方案比较和分析，实施科学决策。已批准的初步设计概算，结合项目实际情况，将初步设计概算进行费用分解，形成工程项目执行和控制费用目标，通过控制程序，有效地控制工程投资。

2）采购阶段造价咨询

设备、材料费用占总承包合同价格比重比较大，具有类别品种多、技术性强、涉及面广、工作量大等特点。努力做好设备、材料采购阶段的造价控制工作是实现投资控制的有效方法。同时要求总承包强化采购阶段的工作管理，如遇专业工程总包报价超概情况，全咨方可必要时可采取以招代认的工作模式，促使意向投标人即专业分包间形成竞争关系，进一步释放控价潜力。

（1）提升招采综合能力，支撑设计，达到降本增效。初步设计、施工深化设计等工作均为设计对象具象化，设计对象的清晰程度与成本固化程度成正比。因此，需要提升招采的综合能力，以成本最优为导向，运用价值工程管理等手段为设计提供支撑，对成本进行控制。

（2）建立完整的供应商筛选机制，实现招采工作前置管理。对于每个供应商的选择，都需要耗费大量的时间成本和管理成本，因此全咨单位要督促检查EPC单位招采计划和流程，认质认价材料设备的名称、型号、材质、规格、计量单位都要详细清楚，认价是否包含采购保管费、是否包含进项税、是否包含安装费、是否为落地价等，形成详细完备的招采制度，并按招采制度严格落实招采任务，最终选择品质优良、价位合理、售后服务健全的材料设备供应商。

（3）采用材料设备集采制。对同类材料和设备采用集中谈判、集中采购方式，这样不但可以降低采购费用，也有利于供货商降低生产成本、运输成本及管理成本，为项目总体造价控制奠定基础。

（4）制定详细的分阶段采购计划。按照项目施工进度计划，根据具体材料

设备的生产周期、运输周期和安装周期，合理安排材料设备的分阶段采购计划，以降低施工现场的存储成本。

（5）采购计划要有备用方案。对项目大型材料设备进行分类整理，重点关注生产周期长、生产工艺复杂的材料设备，编制备用采购方案，减少不可控风险导致的成本增加因素。

3）施工阶段造价咨询

（1）重视资金计划的编制和落实

全咨单位造价咨询部对项目自开工后的年度、季度、月度产值计划及累计产值分别进行了统计；按照建设单位的要求，编制项目合约规划及专项工程招标计划表，系统性地编制年度、季度、月度资金使用计划；月末及季度末对产值计划和资金计划的落实情况进行对比分析，总结经验，并在后续工作中进行动态调整。

（2）参与施工组织设计方案审核，从造价角度提出审核意见

工程建设项目的施工组织设计与其工程造价有着密切的关系。施工组织设计基本的内容有：工程概况和施工条件的分析、施工方案、施工工艺、施工进度计划、施工总平面图。还有经济分析和施工准备工作计划。其中，施工方案及施工工艺的确定更为重要，如施工机械的选择、水平运输方法的选择、土方的施工方法、主体结构的施工方法和施工工艺的选择等，均直接影响着工程预算价格的变化。在保证工程质量和满足

业主使用要求及工期要求的前提下，优化施工方案及施工工艺，是控制投资和降低工程项目造价的重要措施和手段。

（3）严格控制工程变更

在施工中引起变更的原因很多，如工程设计粗糙、市场供应的材料规格标准不符合设计要求、空间占用混乱、尺寸之间互相矛盾等，这就给费用增加带来许多不确定性因素。因此在施工过程中，必须严把变更关，严禁通过设计变更扩大建设规模，提高设计标准，增加建设内容等，最好实行"分级控制、限额签证"的制度。对必须发生的设计变更，尤其是涉及费用增减的设计变更，必须经现场设计单位代表、建设单位现场代表、监理工程师共同签字，而且应尽可能提前实现这类变更，便于减少损失。

（4）做好施工图预算审核工作

施工图预算是衡量设计标准和考核工程建设成本的依据，做好施工图预算审核工作有利于合理确定和有效控制工程造价，克服和防止预算超概算现象发生；有利于加强固定资产投资管理，合理使用建设资金；有利于积累和分析各项技术经济指标，不断提高设计水平。通过审核施工图预算，核实了预算价值，为积累和分析技术经济指标提供了准确数据，进而通过有关指标的比较，找出设计中的可控价的具体环节，以便及时改进，不断提高设计水平。包含：①工程量的审核：工程量计算的准确性、工程量计算规则与计价规范或定额规则的

一致性；②定额使用的审核：审查施工图预算的编制是否符合现行国家、行业、地方政府有关法律、法规和规定要求。从设备材料及人工、机械价格的审核、过程结算的审核、相关费用审核等方面把关。

结语

（一）成效

自2021年5月进场以来，我部积极践行全咨合同服务要求，积极同建设单位沟通，从初步设计到目前项目即将落成，各个环节严格管理，在建设单位连续两年的考核中，全咨部工作均拔得头筹，多次获得建设单位颁发的考核奖牌，尤其是项目管理、设计管理、造价管理工作，补齐了建设单位项目管理短板，多次帮助建设单位扭转了被动局面，赢得了好评和尊重。

（二）感悟

自全过程工程咨询服务试点推广以来，目前已在行业内逐步兴起，为咨询、设计、监理等企业的发展带来了新的赛道，但是全咨管理不再是以往单一的工作逻辑，对人的素质要求变得更高更全面，尤其是项目负责人及班子成员，不具备多面手的工作能力很难很好地胜任全咨工作，所以打造学习型团队在全咨工作中以及企业发展中显得尤为重要，也是之后一阶段企业间竞争的核心能力的体现。

全过程工程咨询模式在广阳湾项目的实践与思考

杨红茂　　曾德鹏　李相儒　张　陈

重庆赛迪工程咨询有限公司

摘　要：广阳湾重大功能设施全过程工程咨询项目，通过总咨询师的统筹管理和各板块的紧密协作，使建设单位获得了集成化的增值服务和管理成果，得到各参建方的认可，体现了全过程咨询模式的优越性，实现了为建设项目增值的目的。本文概述了工程监理和全过程工程咨询的发展，通过项目实践，对全过程工程咨询模式作出了相应的思考和总结。

关键词：全过程工程咨询；难点；成效；思考

一、行业发展过程

今年是中国建设监理协会成立30周年暨工程监理制度建立35周年。回顾整个工程监理行业的发展，大致可分为三个阶段：一是试点阶段，1988年7月25日，建设部发布《关于开展建设监理工作的通知》，标志着我国工程监理事业正式开始；二是稳步发展阶段，1993年7月27日，中国建设监理协会成立；三是全面推行阶段，从1996年开始，"一法两条例"（《中华人民共和国建筑法》和《建设工程质量管理条例》《建设工程安全生产管理条例》）陆续颁布，以法律形式确定了工程监理的地位。30多年来，工程监理制度在提高建设工程质量、管理水平和投资效益等方面发挥了积极作用。

2017年2月，国务院办公厅印发了《关于促进建筑业持续健康发展的意见》，要求完善工程建设组织模式，发展全过程工程咨询，大力培育全过程工程项目管理师和全过程工程咨询项目经理专业技术人才。这是国家在建筑工程全产业链中首次明确提出"全过程工程咨询"这一理念，旨在适应发展社会主义市场经济和建设项目市场国际化的需要，提高工程建设管理和咨询服务水平，保证工程质量和投资效益。

自全过程工程咨询理念提出以来，国家及相关省（自治区）建设主管部门陆续推出了一系列引导全过程工程咨询发展的相关政策，大量的监理、设计、造价、招标代理等企业积极响应文件号召，通过采取联合经营、并购重组等方式开展全过程工程咨询。在政策积极引导下，全过程工程咨询模式逐渐得到行业的采用和认可。

二、全过程工程咨询模式在广阳湾项目的实践

（一）工程概况

广阳湾重大功能设施全过程工程咨询项目位于重庆广阳岛片区长江经济带绿色发展示范区，项目深入贯彻长江经济带发展座谈会精神，全力推动"长江风景眼、重庆生态岛"变现落地。项目包含长江生态文明干部学院、长江生态环境学院、国际峰会配套保障基地（含生态酒店）、广阳湾大桥、千里广大文旅综合体等5个子项目，占地约915亩，总建筑面积约61万 m²。

（二）服务内容

本项目提供从项目决策至缺陷责任期终止的项目全过程工程咨询服务，服务内容包括投资决策综合性咨询、设计咨询、施工图审查、项目管理咨询、全过程BIM集成应用、全过程造价咨询、工程监理共7项。

（三）组织结构

项目中标后，公司迅速协调相关资源组建项目团队。由于本项目包含的子项目和专业咨询板块多，传统工程咨询的直线制组织结构不适用，经过公司和全咨部的充分考虑，并结合项目实际情况，采用了矩阵式组织结构。

本项目组织结构具有四点优势：①总咨询师能够对项目进行统筹管理；②将子项目（纵向）与专业板块（横向）关系相结合，有利于协作生产；③针对项目不同阶段，进行人员配置，有利于发挥个体优势，提高工作效率；④各板块人员通过不同项目的经验分享交流，能够提高专业管理水平。

（四）前期策划

广阳湾重大功能设施项目建设定位高、生态文明示范建设标准高，由学院、桥梁、酒店、文旅综合体等不同的建筑业态组成，在前期工作、设计、施工、运营等阶段都各有特点，管理难度大。总咨询师统筹各板块，围绕项目管理目标、项目建设总控计划、设计管理、进度管理、投资管理、BIM应用等方面进行项目策划，通过与建设单位的充分沟通讨论，全咨部两周内完成了项目策划。该项目策划作为广阳湾重大功能设施项目实施的指导性文件，在建设过程中不断调整和优化，以适应建设环境变化的要求。

（五）实施难点及应对措施

1. 人员综合能力参差不齐

全过程工程咨询模式对咨询团队的综合管理、专业技术、沟通协调等能力要求高。在项目实践过程中，咨询团队由各板块的技术人员组合而成，委派的技术人员在资历、能力等方面存在参差不齐现象，不能完全满足全过程、全方位和全要素的管理需求。

措施：一是专题培训。各板块人员定期对各自的工作内容、专业技术等方面进行总结，在板块内部及整个全咨部进行专题培训。通过专题培训的方式，使各板块人员综合能力得到了提升。二是错题集交流。每月对项目中的错误案例及整改措施进行收集整理，形成项目错题集，全咨部定期对错题集内容进行学习交流，避免类似错误再次发生。

2. 工作思维模式不同

在提供咨询服务过程中，各板块易形成单一思维，从自身专业领域思考问题，相互之间缺乏沟通，配合不紧密，形成设计只管方案、造价只管经济、监理只管现场等局面。各板块之间未能得到有效关联，导致重复甚至无效的工作较多，既增加时间成本，又加大项目实施难度，难以体现全过程工程咨询模式的集成价值。

措施：一是加强沟通。项目总咨询师具有掌握全局、跨阶段、多专业统筹项目的工程技术与管理能力，通过加强与各板块负责人的沟通和统筹管理，改变内部协调配合差、信息沟通不顺畅甚至各行其道的局面。二是管理制度化。制定由项目管理牵头，各板块参与项目各阶段事项的制度。例如初步设计阶段，各板块协作参与其中，从设计优化、造价控制、施工工期等方面，充分发挥各板块的作用，提高全过程咨询服务的效率和质量。

3. 对全咨部信任度不足

建设单位在项目决策阶段、施工阶段等实施过程中的建设理念和要求，是开展全过程工程咨询工作的重点，对全咨部咨询工作的深度和广度有极大影响。项目实施初期，一方面全咨部对建设单位的建设理念和要求不适应、认识不足，按固有理念和方式开展咨询服务工作，难以达到建设单位的预期；另一方面未能与建设单位有效沟通，建设单位和全咨部的工作存在重叠，权责存在交叉，使咨询单位不能充分有效地发挥其智力密集型、技术复合型、管理集约型的管理作用。这造成了建设单位对全过程工程咨询服务模式产生了疑问和顾虑，担心全过程咨询单位权力是否过大、专业服务质量是否有保证，有缺乏相互制约和监督的风险。

措施：一是加强学习。通过对建设单位相关管理办法和制度的讨论学习，理解建设单位的建设理念和要求，有针对性地扎实修炼内功，提升全过程服务质量，打消建设单位的顾虑，赢得认可和信任。二是充分沟通。明确全咨部的服务范围、权利、责任和义务，与参建单位一起形成叠加效应，推动项目顺利实施。全咨部充分发挥其综合性管理优势，在重大、重要事项上，提供专业的咨询意见供建设单位参考决策。

（六）取得的成效

以长江生态文明干部学院项目为例，简述全过程咨询模式取得的成效。

1. 提前完成既定工期目标

项目可行性研究报告批复建设工期30个月，通过全过程各专业板块的协作，采取4种技术措施、组织措施，实际建设工期28个月（其中，初步设计、工程招标等施工准备期3个月，施工工期25个月），提前2个月完成了工期目标。

1）采用EPC模式。全咨部组织招标、造价、监理、项管板块讨论研究，根据项目体量大、单体建筑多、场地高差大、工期紧的特点，向业主建议并最终选择了适合本项目的EPC工程总承包发包模式，便于整个项目的统筹规划和协同运作，解决了设计与施工的衔接问题。

2）分阶段实施。按正常建设程序，需完成全部施工图设计并获得施工许可后才可动工，耗时长。全咨部认真分解和分析了项目工期目标，采用分批完成设计和审图，分批办理施工许可证的方式，让最先具备动工条件的土石方工程先动工，达到了提前动工的目的。从开始施工图设计至土石方工程正式动工，仅用18天。

3）总体计划控制。根据建筑方案，结合项目建设条件，按照批复总工期的要求，全咨部组织项管和监理进行了总工期可行性研究论证，制定了总工期目标。过程中实施过程纠偏，定期召开进度检查纠偏专题会议，对偏离计划的事项及时采取纠偏措施，让工期目标处于可控状态。经过实践证明，实际控制节点与计划控制节点基本吻合。

4）BIM指导施工。全咨部组织各业务板块经验丰富人员，协同BIM技术人员创建建筑信息模型。通过BIM模型创建、碰撞检测等共发现图纸问题1500余处，减少施工图纸错误80%；通过基于BIM平台的协同管理，极大提升了项目沟通有效性，降低了项目参建各方的沟通成本；通过对管道密集区域进行综合排布设计，提前发现施工现场存在的碰撞和冲突，减少了90%的返工拆改。通过BIM技术指导施工，避免了返工导致的工期增加。

2. 全过程控制投资目标

传统模式的投资控制工作置于项目末端，而项目采用全过程工程咨询，全专业服务贯穿于项目整个周期，从概念方案设计及立项总投资匡算阶段介入直至项目缺陷责任期结束。在全过程工程咨询的逐级控制下，项目可研总投资估算比立项总投资匡算减少5.00%，总投资概算比可研总投资估算减少5.21%，施工图预算比总投资概算减少5.02%；初步竣工结算控制在施工图预算范围，保障了项目投资在各阶段处于可控状态。控制手段如下。

1）总体规划合约。对必须由建设单位直接委托的合约进行了全面梳理，避免了遗漏和重复。如对管线迁改、工程施工图设计、材料设备采购、工程施工、用地红线外工程等工程服务进行了组合打包招标，杜绝了合约界面不清晰的情况，项目实施以来的费用索赔事件为零，投资管理风险得到有效控制。

2）制定计价规则。把项目可能发生的措施费进行全面梳理和计算，对措施项目可以投标竞争的费用进行打包包干计价，让投标单位充分竞争，以此节约了措施费60余万元，减少了措施费投资。

3）优化设计方案。在项目各个阶段，全咨部组织设计咨询、造价咨询、工程监理板块深入研究设计优化的空间。如建议以钢木混合结构替代纯木结构，在满足结构安全和建筑效果的情况下，节约了投资约1000万元。再如项目地貌高差达65m，不可避免有较多的挡土墙设计，全咨部组织结构、建筑、造价专家，深入现场调研，优化挡土墙设计，不但减少了对原始地貌的扰动，还节约了约4000万元，减少了工程费投资。

4）控制设计变更。在确定设计方案前，全咨部组织设计、项管、监理、造价，从有利投资控制、提高实施可行性等多方面反复讨论和论证，避免因后期调整造成设计变更；至竣工结算时，将变更金额占建安投资的比例控制在1%以内，有效降低了变更签证费用。

3. 发挥绿色示范作用

项目定位为长江经济带绿色发展示范项目。全咨部按照项目定位，基于"五感六性"体系（五感：听觉、视觉、味觉、嗅觉、触觉；六性：安全性、适用性、舒适性、健康性、环境性、经济性），制定了打造绿色建筑三星级、健康建筑、

超低能耗建筑示范项目的目标。经过2年多的实践，项目已成功通过全国首个纯木结构绿色建筑三星级预评价，健康建筑和超低能耗建筑业取得了阶段性的成果，在长江经济带绿色发展中充分发挥了示范作用。打造绿色建筑要把握以下3个要点。

1）注重顶层设计。项目方案设计阶段，全咨部组织了建设运营全国专家研讨会，邀请了浦东干部学院、井冈山干部学院等专家教授，为项目的规划建设建言献策。另外，还邀请了深圳建科院对项目绿色建筑进行优化升级，进一步提升了项目的示范性。

2）强化设计过程。在具体设计方面，全咨部组织设计板块、绿色建筑专家，按照顶层设计的总体思路，遵循因地制宜的原则，对建筑单体、建筑群进行评估，结合建筑的环境、经济和文化特点，对建筑绿色性能进行综合思考。通过被动式采光通风设计、高效机电设备系统、绿色可循环建筑材料等技术，以最优路径实现了绿色效果。

3）践行绿色建造。全咨部组织项管、设计、监理板块，通过科学管理和技术创新，在施工过程中践行绿色建造，有效节约资源，保护环境。如对场地内现存植物进行全面梳理和定位，保留了原生植物景观40余处，做到了建筑与原生态的融合。还通过土壤检测和治理手段，将场地内的弃土改良为回填种植土再利用，弃土外运工程量降低约30%，实现了人与自然和谐共生的工程建造活动。

三、对全过程工程咨询模式的思考

（一）注重人员综合能力提升

当前，全过程工程咨询项目技术人

员专业性较为单一，具备项目管理、设计管理、造价咨询、BIM 应用等知识的跨专业复合型人才紧缺。全咨团队成员大多数是从其他岗位转岗而来，对岗位职责、体系、任务认识不深、理解不全，履职能力有待提高。这造成了全过程咨询服务质量不高，协调和管理难度较大。全过程咨询企业应从以下两方面提升人员综合能力。

1. 建立并完善培育体系。全过程咨询企业应根据全过程咨询模式和项目特点，结合一定时期内的工作成果，进行标准化、制度化、系统化的体系文件建设。同时，全过程咨询企业应建立和完善培训体系，对各板块人员进行岗前培训交底，培养具有"三高三全三思维"（即高水平、高质量、高效率，全过程、全方位、全要素，业主思维、专业思维、底线思维）的复合型管理人才。

2. 采取轮岗制。全过程咨询企业让各板块员工去其他咨询板块轮岗学习，了解其他咨询板块的工作内容，使知识层级从点发展成面。通过轮岗学习不仅能加快复合型人才产出，还能多方面提高管理者的综合能力。

（二）坚持以项目管理为核心

在全过程工程咨询项目中，如果没有项目管理对各板块进行整体策划、资源整合并进行过程协调和管理，则各项咨询工作可能各自为政，不能发挥合力优势。项目管理对实现工程全过程咨询模式起到了关键性作用，以项目管理为核心，通过对各板块的一体化管理，实现技术与管理有机整合，才能真正发挥全过程咨询模式在项目全生命周期的核心价值。

1. 推行一体化管理。广阳湾重大功能设施全过程工程咨询项目实行项目管理与监理一体化管理，有效促进了团队整体化，提高了劳动生产率，取得了良好

成效。为更全面整合项目资源，全过程咨询企业应从两方面推行项目一体化管理：一是由项目管理板块进行统筹管理，统筹项目生产组织管理和内外协调工作，并将各板块纳入一体化管理，进行契约化管理考核；二是对项目总咨询师在合理范围内进行充分授权，例如人员调整、绩效考核等方面。不仅有助于提高总咨询师对项目团队的管理效率，还能优化项目团队组织结构，实现最优的人岗匹配。

2. 推行 1+N 全过程咨询服务模式。建设单位应采用 1+N 全过程咨询服务模式，将项目管理纳入全过程工程咨询合同包内。通过公开招标等公平竞争方式，选择具有综合实力和相应咨询资质的咨询单位。

（三）持续推进全过程工程咨询

目前，从沿海到内地省市，大部分地区全过程工程咨询蓬勃发展，各地相继发布与全过程工程咨询有关的导则、实施意见或办法等，在全过程工程咨询服务实施方式上作出了探索。笔者认为应从以下两个方面持续推进全过程工程咨询。

1. 政策支持。2018 年 11 月重庆市建委发布《关于印发重庆市全过程工程咨询第一批试点企业名单的通知》，通知中提到全市城乡建设主管部门要积极引导政府投资工程带头参加全过程工程咨询试点，鼓励非政府工程积极参与全过程工程咨询试点。各地应持续完善相应政策和规范指引文件，使全过程工程咨询的实施具有可操作性的配套政策和规范引导。同时行业和企业应对全过程工程咨询项目经验及时总结、完善和推广，树立标杆示范企业及示范项目，以推动全过程工程咨询服务的健康发展。

2. 规范取费。2019 年 11 月重庆市发改委和市建委关于转发《国家发展改革

委 住房城乡建设部关于推进全过程工程咨询服务发展的指导意见》的通知，通知中提到项目法人要严格管控全过程工程咨询服务费用标准，坚持优质优价原则，通过招标投标等竞争性方式实现充分竞争，坚决杜绝恶意低价竞争行为。但在实际招标过程中，部分项目仍存在招标控制价过低、恶意低价竞争、低价中标等行为。中标价格过低导致全过程工程咨询企业在人员派驻数量、人员服务质量等方面无法满足项目需求，使全过程工程咨询服务达不到预期效果，也就失去了采取全过程工程咨询模式的意义。行业应健全和完善招标投标管理模式，规范全过程咨询费用的取费方式，预防和杜绝不正当竞争行为的发生，同时招标人应坚持优质优价原则，坚信只有合理的价格才能换来高质量的全过程工程咨询服务，使建设单位和全过程咨询企业达成双赢。

全过程工程咨询是时代发展的产物，标志着我国建筑工程咨询行业开始由碎片化向集约化转变。为了推动全过程工程咨询的进一步发展，国家层面应完善相应规章制度，逐步确定全过程工程咨询的法律地位；行业层面应组织研究和探讨全过程工程咨询发展的理论和实际问题，发挥桥梁、协调、管理服务的作用；企业层面应注重人才培养，优化组织管理模式，以优质资源提供高质量服务。通过"三管齐下"，助力全过程工程咨询模式的可持续健康发展。

参考文献

[1] 李林 . 全过程工程咨询的实施过程及难点 [J]. 建设监理，2019（3）：5-7.

[2] 肖亮 . 全过程工程咨询的实践、探索与思考：以芷江侗族自治县芙蓉学校建设项目为例 [J]. 中国勘察设计，2023（3）：78-81.

轨道交通工程浅埋暗挖法中富水地层深孔注浆施工技术总结及监理控制要点

杨　帆

北京赛瑞斯国际工程咨询有限公司

摘　要：本文结合工程实践，对轨道交通工程浅埋暗挖法中富水地层深孔注浆施工的工序进行了阐述，对注浆效果、注浆参数、注浆扩散范围等管控要点进行了详细分析，对浅埋暗挖法中深孔注浆的工法应用及监理控制要点进行了全面总结。

关键词：浅埋暗挖法深孔注浆；富水地层；监理

引言

由于近年来北京市水资源保护工作持续有效进行，受天然降水及生态补水的影响，北京市地下水位逐年上升，对市内的轨道交通建设提出了更高的要求，尤其是在浅埋暗挖法施工过程中，由于暗挖隧道埋深较浅，随着地下水位的不断提升，施工风险和技术难度进一步增大。为了保证施工安全，如何更好、更有效地止水、加固土体，这一难题摆在了建设者的面前。深孔注浆技术在轨道交通建设领域已得到越来越广泛的应用，利用深孔注浆加固土体具有高效、经济、可靠等优点。本文结合北京地铁某站附属出入口暗挖通道实践，对现场技术及监理工作进行总结。

一、项目概况

（一）工程基本概况

北京地铁某车站为地下4层岛式车站，明挖法施工。车站设2个出入口，A出入口及D出入口。由于两个出入口距离较近，且结构设计、周边环境、地质水文条件、风险源、邻近管线均相同或相似，所以选取A出入口工况进行总结。

A出入口采用明暗法结合施工。出入口明挖段主要为矩形框架结构及U形槽结构，暗挖段主要为拱顶直墙结构。暗挖初支采用CD及CRD法施工，由超前支护、喷射混凝土、钢筋网及钢筋格栅组成联合支护体系；同时考虑到地下水影响以及局部暗挖段距离建筑物较近，采用深孔注浆堵水兼加固措施，减小施工对周边环境的影响。

（二）工程地质及水文地质概况

根据勘察资料及设计图纸，本工程场地勘探范围内的土层划分为人工堆积层（Q^{ml}）、第四纪新近沉积层（Q_4^{2+3al}）、第四纪全新世冲洪积层（Q_4^{1al+pl}）、第四纪晚更新世冲洪积层（Q_3^{al+pl}）、第三纪基岩五大类。各土层概述见表1。

水文地质方面根据勘察资料，拟建场地共观测到一层地下水，地下水类型为潜水（二），水位埋深10.80~11.80m，水位标高36.56~37.14m，观测时间为2013年4月，含水层主要为卵石圆砾③5层，呈连续分布，主要接受大气降水、侧向径流补给，主要以侧向径流、人工开采方式排泄。

本场地勘察时未发现上层滞水（一），受季节和管道渗漏的影响，局部可能会存在上层滞水。历年最高水位根据工程勘察报告可知：1959年水位标高45.00m；1971—1973年水位标高42.00m；近3至5年最高水位标高38.00m。

地层岩性及其物理力学性质表 表1

沉积年代	地层代号	岩性名称	颜色	状态	密实度	湿度	压缩性	矿物特征	分部情况
人工填土层（Q^{ml}）	①	粉土、填土	黄褐色		稍密实	稍湿		含砖渣、灰渣，局部含植物根系	连续分部
	①1	杂填土	杂色		稍密实	稍湿		含砖块、碎石，表层多为路基填土	
新近沉积层（Q4^{2+3al}）	②	粉土	褐黄色		密实	稍湿	中压缩性	含云母、氧化铁，局部夹粉质黏土薄层；E_s平均值=7.7MPa	②层、②1层呈连续分部；②3层、②5层分部不连续
	②1	粉质黏土	褐黄色	可塑			中高压缩性	含云母、氧化铁；E_s平均值=4.7MPa	
	②3	粉细砂	褐黄色		稍密	稍湿	低压缩性	含云母、氧化铁、少量砾石，局部夹中砂透镜体；N=10~14击	
	②5	圆砾	杂色		密实	湿	低压缩性	最大粒径不小于130mm，一般粒径为5~40mm，粒径大于2mm的颗粒占总质量的80%，亚圆形，中粗砂填充；$N_{63.5}$=32~71击，V_s=306m/s	
第四纪全新世冲洪积层（Q4^{1al+pl}）	③5	卵石圆砾	杂色		密实	湿~饱和	低压缩性	最大粒径不小于145mm，一般粒径为20~40mm，粒径大于20mm的粒占总质量的60%，亚圆形，中粗砂填充，局部圆砾 $N_{63.5}$=26~83击，V_s=324~385m/s	连续分布
	⑤3	粉土	褐黄色		密实	很湿	中压缩性	含云母、氧化铁，E_s平均值=8.1MPa	⑤3层呈透镜体分部，⑤4层呈分布较连续
	⑤4	粉质黏土	褐黄色	可塑局部硬塑			中压缩性	含云母、氧化铁、姜石，E_s平均值=8.0MPa	
	⑧	粉质黏土	褐黄色	可塑			中压缩性	含云母、氧化铁、姜石，局部夹粉土透镜体，E_s平均值=10.6MPa	连续分部
晚第三纪天坛组NI	（13）	砾岩	杂色			湿~饱和		强风化、薄层状，胶结物以黏粒组为主，局部为砂粒；岩芯采取率80%左右，RQD>30%，单轴抗压强度可达0.06~0.3MPa	连续分部
	（13）	岩泥	棕红色			湿		强风化、薄层状，胶结程度差，遇水易软化，有弱膨胀性，岩芯采取率85%左右，RQD>60%，自由膨胀率21%~54%，抗压强度为0.06~0.50MPa，属于极软岩	
	（13）	粉砂岩	杂色			湿~饱和		强风化，胶结物以黏粒组为主，岩芯采取率80%左右，RQD>30%，单轴抗压强度可达0.76~1.18MPa	

二、施工总体方案

本工程的主要技术难点为卵石圆砾地层自身空隙较大，承载力、强度、硬度等指标都难以满足施工要求，且层间存在大量滞水并不断补充，因此需要使用注浆施工技术来填堵卵石圆砾地层的空隙同时止水加固地层。

根据设计文件和施工图纸，本工程率先采用的是掌子面深孔注浆，深孔注浆选用水泥—水玻璃双浆液，注浆压力控制在0.5~0.8MPa，注浆结束后，采用钻孔取芯法，检查注浆效果。注浆效果要求注浆后形成结实体28d无侧限，抗压强度不小于0.8MPa。但是在现场施工过程中，掌子面注浆未达到预期效果，主要原因一方面，当暗挖初支施工到卵石圆砾层后，水量较大，多次调节双液浆比例，止水效果差，达不到固结土体的效果。尤其是斜坡段，注浆难度大，耗费的工期长。另一方面，部分掌子面为粉质黏土层，但其上部为卵石圆砾层。由于粉质黏土层渗透系数很小，导致层间水无法下渗，形成丰富的上层滞水，在施工过程中由于拱顶粉质黏土层部分位置较薄容易造成滞水下渗，随着拱顶及掌子面暴露时间的延长，局部出现了塌方及涌水情况，给施工安全质量带来很大的隐患。

最后由施工单位组织多次专家咨询会，根据专家意见采取了地面深孔注浆的工艺。

（一）深孔注浆止水范围

施工围挡内采用地面双重管后退式深孔注浆止水工艺，按每个注浆孔浆液扩散半径600cm考虑。注浆孔排距、孔距均为800mm，梅花形布置，排与排之间错开400mm。A出入口完全处于弱隔水层的部分，注浆止水范围为初支内0.5m，初支外4.0m；A出入口位于含水层的部分，需对含水段进行按初支外扩4.0m全断面注浆止水。

（二）浆液及注浆压力

本次注浆作业采用A、B、C三种混

合浆液，具有流动性强、渗透性强、浓度高、速凝等特征。A液采用42Be'水玻璃（1350kg/m³）与水1：1进行配制，B液采用普通硅酸盐 P.O42.5水泥（3000kg/m³）与水1：1进行配制，C液采用85%浓磷酸（质量浓度1.874g/ml）与水20：1进行配制。注浆时根据现场情况是否冒浆进行判断，冒浆采用AC混合液，不冒浆选用AB混合液。

总土体加固注浆量按下式来计算：

$$Q=V \cdot n \cdot \alpha \cdot \beta$$

式中　Q——总土体加固注浆量 /m³；

　　　V——要加固的总土体体积 /m³；

　　　n——地层孔隙率（采用0.4）；

　　　α——地层填充系数0.7~0.9（取0.9）；

　　　β——浆液损耗系数（取1.3）。

含水层主要为卵石圆砾层，浆液渗透流通性强，属于渗透注浆，注浆压力一般控制在0.5MPa。具体注浆压力等注浆参数根据现场实际情况确定。

（三）施工工艺

根据地层地质情况分布，使用3至4台地质钻机，钻头ϕ50mm、钻杆ϕ42mm的钻具，采用回转方式，在卵石地层中钻速快；注浆时做好封孔，可有效防止浆液往上蹿浆。斜孔钻孔时，用角度尺定位钻孔倾斜角度，调整到设计角度时再进行钻孔作业。钻孔严格按照设计参数进行。在钻孔施工过程中要稳定钻机，稳步钻进，选用经验丰富的钻机手进行操作。每班卜岗前对机械设备进行检查，严禁机械带病作业，并对钻具进行检查，使用质量性能良好的钻杆和钻头，严禁使用有缺陷的钻具。下双重管钻孔时，在钻杆内吊放双重管，检查密封圈，吊放结束后加盖防止堵管。注浆双重管

最前端安装注入装置，使双液浆搅拌均匀，凝固时间一致，同时防止因地下压力大而引起的浆液返浆。拔管注浆施工前，调节注浆机单路流量不小于25L/min，双路流总流量不小于50L/min。注浆时，双重管边注浆，边提升，控制双重管提升速度为0.5cm/min，保证每提升1cm双重管，纯注浆时间不小于2min。注浆时，通过实时流量计观测浆液的流量及压力变化，实时调整浆液凝胶时间，做到最佳扩散半径；先向地层注入速凝的AC混合液进行封孔及圈定浆液扩散半径，然后向地层内（圈定扩散半径内）注入AB混合液，A液与B液配比为1：1，A液与C液配比为1：1。

为了满足注浆固结的目的，需要按步骤进行浆液配制。首先进行水泥浆稀释，在搅拌桶中按每次搅拌量加入所需的水，开动搅拌机，再加入水泥搅拌3min以上；然后是注浆泵试运转，连接各注浆系统，无误后开动注浆泵做压水试验，检查注浆泵压力情况，系统管路有无漏浆、管路是否畅通。系统就绪后，浆液通过双重管压入地层，注浆方式采用一次整体注浆。通过压力表观察注浆压力，检查随注浆量的增加，压力变化的情况。注浆过程中进行压力和流量双控。

在注浆过程中经常会出现一些问题影响注浆效果，需要随时排除。

1. 冒浆

注浆过程中要认真观察地层变化情况，由于浆液的注入会引起地层变化，封闭强度较低的地方，可能会冒出浆液，这就需要在冒浆处加以堵塞的同时改注AC浆液，停止冒浆时再注AB浆液，以保证浆液有效注入地层。

2. 注浆压力变化

注浆过程中，压力要在控制范围

之内，过大或过小的注浆压力都不能满足施工需要，如果压力过低应该检查是否有漏浆，或浆液是否通过地下空洞流走；压力过高应检查管路或混合器是否被堵塞。一般来说，注浆开始压力较低，随着围岩空隙被填充，需要一定压力劈开裂隙才能继续进浆。需要观察注浆终压，其不能高于规定的注浆压力值。

3. 凝胶时间变化

浆液初凝时间为AC浆液2~10s，AB浆液30~90s。

4. 注浆量调整

地层的注浆量是否合适是地层加固及止水效果的体现，采用多管同步同位注入地层的方式，浆液注浆孔之间相互填充、相互挤密，保证土体浆液扩散均匀。

5. 注浆泵异常

在注浆过程中，注浆泵会由于管路故障而压力过高，机器发出异常的声音，压力表指示压力上升，如果不及时处理会产生高压伤人危险事故。此时必须停泵卸下注浆高压软管，冲洗清理管路，或者清理混合器，检查出故障部位，并予以处理，冲洗干净后再继续工作。

（四）施工资源配置

施工机械选取ZLJ-700D钻机成孔，注浆机JP-600进行注浆作业（表2）。以"合理组织，精心选择，质量优良，满足施工，减少库存，杜绝浪费"为原则组织材料供应，并考虑可能造成延误的各种不利因素，有计划地做好材料供应，确保材料供应满足施工要求。在施工过程中，实际操作人员是施工质量、安全、进度、文明施工的实施者，也是最直接的保证者，选用具有高质量、安全意识的，拥有较高技术水平和类似工程施工经验的施工队伍，是完

成工程任务的关键。

（五）应急措施

1. 管线破裂

管道破裂发生险情时，应立即停止施工，迅速撤离作业人员至安全地带，相关区域拉起警戒线，派安全管理人员对道路车辆进行临时交通引导并设置防护设施；同时立即报告产权单位，由产权单位派事故抢险队进行管道抢修，应急小组配合现场工作。

2. 临边建筑物变形过大

当建筑物变形过大时，应立即停止注浆施工，加强结构监控量测工作，组织专家讨论分析造成既有结构沉降速率超限的原因和相应的控制措施，根据确定的控制措施重新制定或调整施工工艺和施工组织，并进行交底，做到严格落实。

三、监理控制要点

（一）对本工程采用的主要材料、半成品、成品、构配件、器具和设备应进行现场验收。加强现场施工材料管理，严格执行进料检验程序，保证施工材料满足设计和规范要求，原材料、构配件、设备必须具有出厂合格证、质量保证书以及相关试验检测报告。不合格材料不得进场使用，并将所有材料的合格证、材质单存档。对施工单位进场原材料进行见证取样检验和平行检验。

（二）根据施工程序，严格把关钻孔深度、配料、注浆压力、配合比、注浆量，每道工序均安排专人负责，对每道工序的原始数据进行审核检验。

开钻前，检验孔位是否严格按照施工布置图布孔。钻头点位与布孔点位距

离相差不得大于2cm，钻杆角度偏差不得大于1%；钻孔时，密切观察钻进进度及溢水出水情况，出现大量溢水出水，应立即停钻，分析原因后再进行施工。采用标定准确的计量工具，严格按照设计配合比进行配料。注浆时，当压力突然上升或从孔壁溢浆时，应立即停止注浆。每段注浆量应严格按照设计方案进行，跑浆时应采取措施确保注浆量满足设计要求。注浆完成后，应采用措施保证不溢浆、跑浆。整个注浆过程应密切注意和防止地面出现溢浆、隆起等情况。

（三）在正式注浆前，先采取较小的注浆压力进行试验，认真记录注浆压力、注浆速度的变化规律，结合已有的工程经验和规律，对注浆压力和注浆材料进行合理修正，从而实现注浆的动态施工。

（四）当注浆区域所处的围压较小且渗透系数较大时，宜先采用相对较大的注浆压力，注入一段时间后，停止一段时间，再采用相对较小的注浆压力。这样可以在注浆区外部形成具有一定强度和隔水作用的"壳"，能够保证后续注入

序号	机械名称	规格型号	额定功率或容量、吨位	数量/台	新旧程度/%
1	地质钻机	ZLJ-700D	11kW	3	90
2	搅拌机	SH-800	0.3m³/盘　2.0kW	2	90
3	注浆机	JP-600	5.5kW	8	90

机械设备配置表　　表2

原材进场

浆液配制

钻孔施工

注浆参数控制

注浆地面观察

浆脉取芯

掌子面浆脉分布

注浆止水效果

的浆液尽量保持在注浆区范围内,最大限度起到加固土体的作用,提高注浆效率,减少经济损失。

(五)当浆液无法注入时,首先要分析原因,在排除注浆设备故障、注浆管(孔)堵塞、注浆区饱和或硬化等因素后,结合工程经验进行深入分析,通过更改注浆材料、调整注浆孔角度等措施进行解决,而不能一味地增大注浆压力,这样会破坏土体原有的结构,降低土体的整体性和稳定性,不仅不能起到加固土体的效果,而且还会给注浆工程带来巨大的危险。

结语

经施工实践证明,在轨道交通工程浅埋暗挖法施工过程中,非降水条件下深孔注浆工艺在开挖支护过程中止水效果显著,开挖揭示拱部及掌子面地层加固效果良好。特别是在拱部富水的卵石圆砾层中,层间含水量大、卵石含量高、拱部地层自稳性差,采用深孔注浆工艺后,对地层进行了有效固结,确保了土体稳定,减少了拱部坍塌,降低了施工风险。

参考文献

[1] 宋方佳. 地铁工程中深孔注浆加固效果的数值模拟方法研究 [D]. 北京:北京建筑大学,2015.
[2] 王杨. 深孔注浆技术在北京地铁暗挖隧道富水砂卵石地层止水施工中的应用 [J]. 建筑技术,2020,51(7):3.
[3] 李宏安,陆琰. 富水砂卵石地层浅埋暗挖法超前深孔注浆加固技术 [J]. 市政技术,2014,32(5):4.
[4] 周利华. 地铁大断面隧道砂卵石地层深孔注浆施工技术 [J]. 市政技术,2016(S1):4.
[5] 齐威. 北京地铁昌平线砂卵石地层深孔注浆的施工 [J]. 浙江水利水电学院学报,2021.
[6] 张志强. 北京地区非降水条件下全断面深孔注浆施工技术 [J]. 建筑技术,2019,50(11):5.
[7]《城市轨道交通隧道工程注浆技术规程》DB 11/1444—2017.

基于安卓系统的测量监理助手在轨道交通工程监理中的应用研究

杜红星　　杨菲菲

西安铁一院工程咨询管理有限公司

摘　要：本文结合监理公司在铁路、地铁工程建设行业成熟的监理测量复核技术和既有测量新技术，设计实现了一种基于安卓（Android）操作系统移动智能手机的便携式监理测量复核工具，能够在野外实时采集数据，并快速处理数据，同时，以图表形式现场展示工程监理的测量复核结果，从而提高监理测量复核的工作效率，降低对测量人员的专业要求。

关键词：安卓；测量监理助手；设计实现

引言

众所周知，测量是一项比较艰苦和专业的工作。它没有地域和时间的限制，哪里需要测量专业人员，他们就奔向哪里。由于测量成果复核验收工作需要专业的人携带专业的设备，进行数据的采集和专业化处理，这就对从业人员的数量和专业技术水平提出了较高要求。

随着科学技术的发展，人们越来越关注智能手机的开发研究。如果能将测量工作所需要的数据处理软件结合质量目标与工程设计要素，通过现代科学技术移植到安卓移动智能手机中，就可以大大改善测量成果验收时监理工作人员的工作效率，并减少工程建设监理测量复核成果验收对测量专业人员在数量和技术水平上的依赖。

一、国内施工测量技术现状

国内基于 PC 平台和安卓平台开发的全站仪、水准仪等行业通用测量软件不少，如"科傻""平差易""测量员""道路勘测大师""工程测量大师"等，大多是测绘行业的测量数据处理软件。其计算简单、界面简洁、无冗余功能，拥有包括控制测量、水准高程计算、坐标正反算、交会定点、面积计算等多种功能，是工程施工测量技术人员的好助手；但其缺点是功能单一，平差功能与简易的计算功能不可兼得，且无法做数据对比分析。

现有基于全站仪、水准仪测量的 APP 均是施工测量工作的前端，仅完成数据采集和简易的数据处理，后期还需要高水平的专业测量技术人员，将数据采集成果导出，在 PC 平台上利用其他数据处理软件与文本编辑软件进行测量

数据的后处理，完成数据的对比分析和测量复核成果所需的图表绘制等，最后再编写测量复核报告。

现阶段，基于安卓平台，专门用于铁路、地铁工程建设监理行业应用的专业测量复核 APP 还未开发。

二、监理测量复核工作情况

在工程监理行业，测量抽检（平检）复核是常见且重要的日常工作，是工程建设测量成果质量验收中的必备程序。现阶段，既有工程监理的测量复核就是测量专业人员利用专业测量设备进行现场数据采集，并记录或导出电子数据文件后，把数据记录拿回办公室，在 PC 上进行数据处理计算，然后把计算结果与测量验收相关标准规范所规定的精度指标进行对比分析，分析完成后，再按

照档案管理要求编写监理测量复核报告，并上交归档。

因此，针对工程监理的测量复核验收需要应用多种软件和平台，即便是便携式笔记本电脑也很难解决测量成本高、验收工作耗时长，以及对测量人员专业技术要求高的问题。很难做到现场数据采集、实时平差处理，和设计数据进行实时比对，实时展示测量复核结果和生成所需的图表。既有的工作模式不利于提高监理测量复核工作效率，和现阶段工程监理项目多、测量复核任务重、专业人员少、技术水平低的特点不匹配。应采用基于智能手机的测量监理复核方式，以减少对测量专业人员的依赖，提高测量监理复核工作效率。

三、手机助手设计思想

充分利用公司在铁路、地铁工程建设行业成熟的监理测量复核技术，设计实现一种基于安卓操作系统移动智能手机的便携式监理测量复核工具。它能在野外实时进行数据采集（自动、手动）并处理分析测量成果，使监理复核工作快速完成。同时，以图表形式展示监理测量复核工作的结果，从而提高测量监理复核工作效率。另外，通过专业人员的区域管理与技术支持以及进行软件应用的操作培训，可有效降低对测量人员的数量和技术水平的要求，从而推进测量监理工作的行业变革。

（一）助手测量基准

手机助手的测量基准就是利用线路设计参数建立测量基准和线路设计的关系模型。线路设计参数基准包含了线路的平面曲线和竖曲线。其线元参数均包含了线路的起止点坐标和交点坐标以及曲线半径等参数。

（二）三维模型建立

铁路、地铁工程设计项目是一项复杂、庞大、多专业参与的系统工程，数据的空间分配图更是需要专业的人员才可以判断，为了降低图形的判读门槛，可以发挥 BIM 技术的综合性优势，采用三维图形技术实现图形的可视化。使监理人员对工程结构物有更直观和更清晰的了解，便于完成基本的测量工作。

三维可视化使监理测量复核工作更加高效、直观，在实际操作中，更易操作也在一定程度上降低了判图难度。三维可视化技术是计算机软件技术的进步，也是铁路监理测量技术的进步。在迈进大数据时代的今天，三维可视化不仅使得数据处理更加科学高效，也令监理人员对项目本身有了更加清晰、直观的认识，可控性提高，合理性也得到优化。

建立三维模型就是利用设计院提供的桥隧路基设计资料，采用 BIM 建模技术，建立车站、路基、隧道、桥梁等相关建（构）筑物的实体模型。

（三）三维技术的应用实现

三维模型的绘制在 OpenGL ES 框架内实现。安卓图形界面内的 2D 和 3D 模型都可以通过 OpenGL ES 来渲染。OpenGL ES 与硬件设备紧密相关，三维控件提供较高的绘制帧率。

（四）测量复核点位坐标获取

三维模型任意坐标的获取是以线路设计线元为基准，依据结构设计模型关系，参照操作者的目标要求计算相对线元的任意点坐标。数据计算依据线型不同，可分为直线和曲线模式，计算原理如下：

1. 直线段

已知参数直线段起点为 S，终点为 E，起点里程 KO，平面坐标 X、Y，直线的方向角 a，对于里程为 Kl 处的中线 P 的坐标计算步骤为：

1）计算 Kl 处至该直线段起始里程 KO 处的长度 l：

$$l=Kl-KO$$

2）Kl 处的 Xl、Yl 计算为：

$$\begin{cases} Xl=X+l\cos\alpha \\ Yl=Y+l\sin\alpha \end{cases}$$

2. 缓和曲线段

设缓和曲线段起始点即 ZH 点里程为 KO，平面坐标 X、Y，缓和曲线起点的切线方向 a，以及缓和曲线的总长度 ls，半径为 R。

l 为 ZH 点到中线点 P 的长度，沿里程增加方向向右拐时，则局部坐标系为式（1），沿里程增加方向向左拐时，则局部坐标系为式（2）：

$$\begin{cases} x=l-\dfrac{l^5}{40R^2l_5^2}+\dfrac{l^9}{3456R^4l_0^4} \\ y=\dfrac{l^3}{6Rl_5}-\dfrac{l^7}{336R^3l_5^3}+\dfrac{l^{11}}{42240R^5l_5^5} \end{cases} \quad (1)$$

$$\begin{cases} x=l-\dfrac{l^5}{40R^2l_5^2}+\dfrac{l^9}{3456R^4l_0^4} \\ y=-(\dfrac{l^3}{6Rl_5}-\dfrac{l^7}{336R^3l_5^3}+\dfrac{l^{11}}{42240R^5l_5^5}) \end{cases} \quad (2)$$

3. 圆曲线段

设圆曲线段起始里程为 KO，平面坐标 X、Y，圆曲线起点的切线方向 a，以及圆曲线的总长度 ls，半径为 R。对于里程为 Kl 处的 i 点中线坐标计算步骤为：

1）计算 Kl 处至该直线段起始里程 KO 处的长度 l：

$$l=Kl-KO$$

2）计算长度 l 的圆弧所对应的圆心角：

$$\varphi_i=\frac{l}{R}$$

3）计算局部坐标系的坐标，线路右拐时计算式为（3），线路左拐时为（4）

$$\begin{cases}x=R\sin\varphi_l\\y=R-R\cos\varphi_l\end{cases}\quad(3)$$

$$\begin{cases}x=R\sin\varphi_l\\y=-(R-R\cos\varphi_l)\end{cases}\quad(4)$$

（五）测量成果对比分析

监理复测成果的对比分析主要有两大类，一是施工测量成果的对比分析，二是监测数据的对比分析。就是通过连接手机和测量仪器，现场直接把测量仪器实测出来的坐标数据输入监理测量复核助手中，依据公式：

$$X=X\text{实测}-X\text{设计模型}$$
$$Y=Y\text{实测}-Y\text{设计模型}$$
$$Z=Z\text{实测}-Z\text{设计模型}$$

可以计算出结构设计模型坐标和现场实测坐标的差值，依据相关验收精度指标标准，判定测量成果是否满足设计要求，并给出评定结论。

监测数据不仅可以判断相邻两期数据的变化量是否满足限差要求，还可以依据数据库保存的既有多期数据绘制变形曲线图，并依据图形走势分析判断监测对象的变化趋势，以判断工点结构的现场安全性。

四、监理测量复核助手的设计实现

目前市面上主流的移动智能终端大多搭载 IOS 系统和安卓系统，安卓系统自2007年正式公布以来，市场占有率高达80%以上，具有很强的开放性，方便技术人员在此基础上研发出功能强大的第三方软件。从系统的成本和应用范围考虑，本项目研发考虑采用基于安卓系统的平台技术。

（一）系统框架设计

系统移动端采用安卓系统，开发框架采用 MVP 框架。这种框架模式分为三个层次：模型（model）层、视图（view）层和控制器（controller）层。model 提供数据，view 负责显示，controller 负责逻辑的处理。应用程序使用 MVC 模式可以将处理数据逻辑的 model 层和显示用户界面的 view 层的实现代码进行分离，这样即使要改变用户界面也可以不依赖业务逻辑。为保证当 model 层改变时 view 层也能同步更新，主要通过 controller 层来控制两者的同步。MVP 与 MVC 有着一个重大的区别：在 MVP 中 view 并不直接使用 model，它们之间的通信是通过 presenter（MVC 中的 controller）来进行，所有的交互都发生在 presenter 内部，而在 MVC 中 view 会直接从 model 中读取数据而不是通过 controller。

view 层主要通过 xml 布局文件来实现安卓应用程序界面的描述。model 层主要通过模型对象对安卓应用程序的数据进行存取。客户端要处理的数据主要存储在 SQLite 数据库和 SharedPreferences 中，也通过 adapter 将数据实体适配到 view 控件上。controller 层主要是从 model 层或服务器端读取数据，并通过 listener 对点击按钮、选中 checkbox 等事件进行监听，利用 activity、service 对事件进行处理，处理后将数据发送给 view 层，展示给用户。

本系统所提供的功能不仅在客户端的界面上显示，也需要服务器端的后台支持。用户在系统上使用数据处理、成果对比分析、监测变形曲线分析等功能时，需要与服务器交换数据，对服务器端相应数据库中的数据进行深加工处理。

（二）手机助手系统

测量复核手机助手是采用云端数据库技术和公司既有监理信息管理系统融合，基于安卓系统移动智能手机的测量复核作业模式，突破了传统外业、内业相互隔离的测量模式，实现了内外业一体化，使测量、分析、纠错工作有效集成并可互相联动，充分解放生产力，保障工程质量，提升生产效益，具有重要的现实意义。

监理测量复核助手系统主要由三部分组成：服务器、客户端、数据采集器。服务器主要用于测量和监测数据存储；数据采集器（测量仪器）主要用于采集测量数据；客户端（手机）主要是获取测量记录，在既有测量数据基础上，对新增测量成果进行数据处理和对比分析，形成监理复核分析报告，并上传服务器归档保存（图1）。

软件系统安装在移动端手机上，通过手机蓝牙连接控制水准仪、全站仪进行观测。所有测量数据的相关计算、分析都在手机上完成，测完之后实时计算出测点的结果。随后调用在建项目设计模型，通过线路设计模块计算出该点的设计值，接着进行实测成果和设计成果的对比分析，分析完成后，依据报告模板编写监理测量复核报告，并归档保存。

（三）功能模块设计

测量复核手机助手主要功能模块组成如图2所示。其模块完成功能为：

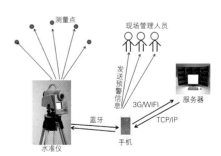

图1 监理测量复核助手系统图

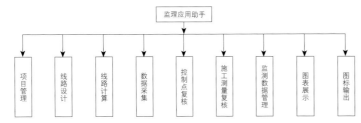

图2　测量复核手机助手主要功能模块

1. 项目管理：针对不同工程监理项目建立不同的项目管理模块。

2. 线路设计：可以导入设计的平曲线和竖曲线资料，桥梁、隧道、路基等相对应的技术设计资料；系统内置目前高铁和地铁常用的复核限差指标（也可以支持自定义线差设置），满足测量复核需求。

3. 线路计算：依据设计参数，批量计算任意结构的坐标数据。

4. 数据采集：连接测量仪器进行数据采集（需要配置自动化测量仪器），并存储到APP中；通过蓝牙传输方式连接测量仪器，可将测量数据批量传输到APP中。

5. 控制点复核：将项目测量的控制点数据与复核成果进行对比分析并形成验收结论，支持导线网、水准高程网平差。

6. 施工测量复核：分为单点数据和多点数据。单点数据是根据测量输入的隧道、桥梁、路基、附属结构的特征点坐标，依据设计参数计算该点的设计坐标，进而进行复核比较，输出差异结果，并进行图形化展示；多点复核是通过导入或者蓝牙传输测量的隧道、桥梁、路基、附属结构的特征点坐标，依据设计参数计算该点的设计坐标，进而进行复核比较，输出差异结果，并进行图形化展示。

7. 监测数据管理：根据导入或者蓝牙传输的监测数据，可进行不同时期双方监测数据的对比分析，并进行某点或某工点的变形趋势分析，输出相关图表。

8. 图表展示：可以根据用户的需求展示测量监理成果数据、变形监测曲线，数据分析结果以曲线图和报表的形式展示。

9. 图标输出：可以根据用户提供的数据成果模块导出相关的图形和报表数据。

参考文献

[1] 王飞雪. 基于 Android 平台的手机助手系统的设计与实现 [D]. 长春：吉林大学，2017.

[2] 郭敏. 面向老年人的 Android 手机健康助手 APP 的设计与实现 [D]. 镇江：江苏大学，2019.

[3] 吴宏庆. 基于智能手机的控制点测量成果管理助手的实现及应用 [J]. 科学咨询，2008（21）：53.

浅谈精装配式房建工程监理现场质量控制

郭江云

陕西兵咨建设咨询有限公司

摘　要：精装房建工程过程质量对后期使用至关重要，本文通过对施工中易产生质量偏差的部位和关键工序提出了相应的控制措施和要求，以事前控制与事中控制相结合的方法，增强质量意识，实施全过程质量监控，确保工程质量始终处于受控状态。

关键词：质量管理；预控及过程控制；质量意识；质量成果

引言

建筑工程装饰装修在后期使用中起着非常重要的作用，随着环保及设计要求的提高，工程质量过程控制尤为重要，否则，出现质量缺陷对后期使用会造成一定的影响。为此，本文将结合最近监理的保障性租赁住房项目，谈谈质量意识及过程控制的重要性，为后续类似的工程建设质量控制提供参考。

一、工程概况及规模

秦汉里保障性租赁住房项目地处西安市秦汉新城周陵街办迎宾大道以西、北塬一路以南、天工三路以北区域。项目总建筑面积83060m²（地上9层，56560m²；地下1层，23000m²，管道层3500m²）。新建保障性租赁住房914套。

二、施工材料与工艺

由于本项目装配率要求，外墙采用免拆保温复合模板体系，同时主楼应用有装配式叠合板及楼梯。室内隔墙采用加气混凝土ALC板，卫生间采用集成厨卫，厨房墙、地面层采用复合硅酸钙墙、地板，室内地面采用架空地板、地暖模块敷设地暖管、复合硅酸钙地板，还配置了铝模及铝合金门窗等，装配率达到41%，现就装配工程的几个主要分项谈谈监理现场控制。

三、抓住管理关键，做好事前控制

事前控制就是预先控制和防范问题的发生，以达到既定目标。因此，进行管控时必须做好事前控制，抓紧关键因素，为保证后续施工提供有利条件。

（一）加强管理人员的管理意识（技术方面、职业道德、质量意识、敬业精神、团队协作等）。项目施工的质量管理需要依靠管理人员去规划、组织和实施，因此必须加强对管理人员，尤其是关键岗位人员的管理。

项目管理人员必须有专业知识，具有相应的职业资格证书，这是履行法定职责的必要前提，更是项目管理成功与否的最关键保障因素。管理人员必须具有本专业的从业经历，关键人员必须丰富的专业知识和管理经验，施工过程中要加强对相关人员的考核，凡是不合格的人员要及时更换。

项目管理人员必须具有团队合作精神和凝聚力，应识大体、顾大局，服从安排，积极履行职责，相互协作，共同完成既定目标。质量意识决定质量成果，管理人员必须有较高的质量意识，严谨的工作态度，精益求精的工匠精神，这样工作才能做得更好。

（二）加强施工方案的预控。施工方

案是指导施工组织与管理、施工准备与实施、施工控制与协调、资源配置与使用的，集技术、经济和管理于一体的综合性文件，其中技术管理体系、质量管理体系、质量控制措施是保证工程质量的重要手段和举措，是确保施工质量的必要前提和管理保障。审查主要分项工程和关键工序的施工工艺，在施工工序、质量保证及文明施工的各项措施等方面，必须做到突出重点、排列清楚、一目了然。对本工程的重点和难点有无针对性的措施，施工方法是否可行等。

（三）加强技术交底工作。施工前做好技术交底，交底是预控的一个重要节点，其目的就是明确任务，做到心中有数。其内容不仅涵盖质量技术，而且还包括安全文明施工、进度计划等。在交底过程中，必须认真履行签字盖章手续，把工作做到位。

（四）加强材料、成品及半成品的质量控制。材料、成品及半成品进场后应按设计及规范要求进行检查验收，对需复试的材料、成品及半成品，及时取样进行检测，符合要求后再进行使用。

四、过程控制

过程控制必须通过现场具体实施，才能体现方案是否可行、效果如何，因此，在管理过程中必须坚持样板引路的管理模式，即在各分项工程大面积施工前，必须先在现场严格按设计及方案要求施工工程样板，如有缺陷及时调整，等样板无误后再进行大面积施工。

（一）复合免拆保温模板（30厚保温砂浆+相应厚度挤塑聚苯乙烯泡沫塑料）：该项目规格为3、5、8号楼2900mm×600mm×120mm，2、4、6、

7号楼2900mm×600mm×95mm，1号楼2900mm×600mm×105mm非常规尺寸根据图纸深化定做，将复合保温模板在加工厂裁切，保温模板编号打包。连接件：95mm厚保温模板使用180mm尼龙连接件，其他板用相应的连接件，确保连接件深入混凝土内的长度符合设计要求。免拆模板施工工艺：排板→弹线、切割→安装连接件→绑扎外墙钢筋及垫块→立免拆模板→立外墙内侧普通模板→安装对拉螺栓及背楞→调整固定模板位置→验收→浇筑混凝土。

安装过程主要检查模板的几何尺寸、垂直、平整度且拼缝要严密，重点控制洞口四周的模板质量、连接件的数量及伸入混凝土内的长度等。

（二）混凝土叠合楼板：混凝土叠合楼板技术是指将楼板沿厚度方向分成两部分，底部是预制底板，上部后浇混凝土的叠合层。配置底部钢筋的预制底板作为楼板的一部分，在施工阶段作为后浇混凝土叠合层的模板承受荷载，与后浇混凝土层形成整体的叠合混凝土构件。混凝土叠合楼板安装时一定要保证位置准确，板底标高符合设计及规范要求。

（三）预制楼梯：预制楼梯安装前应在楼梯间弹出标高控制线及定位轴线，确保位置准确，校正、验收完成后及时按设计及规范要求对缝隙进行填充，面层进行处理。安装过程及安装后做好成品保护，

以保证后续验收顺利通过。

（四）断桥铝合金窗：断桥铝合金窗通过尼龙隔热条将铝合金型材分为内外两部分，阻隔铝合金框材的热传导。同时框材再配上2腔或3腔的中空结构，腔壁垂直于热流方向分布，多道腔壁对通过的热流起到多重阻隔作用，腔内传热（对流、辐射和导热）相应被削弱，特别是辐射传热强度随腔数量增加而成倍减少，使门窗的保温效果大大提高。高性能断桥铝合金保温门窗采用的玻璃主要采用中空Low-E玻璃、三玻双中空玻璃及真空玻璃。断桥铝合金窗安装前应在室内弹出标高控制线，外墙弹出垂直控制线，然后依据控制线安装，确保水平、垂直方向安装美观。安装时窗框固定件应严格按照施工方案及规范进行设置，确保窗框的稳定性。窗框四周缝隙填充、胶封，窗口上方滴水线或鹰嘴及窗台坡度要符合施工方案及规范要求。

（五）内隔墙采用ALC轻质隔墙，墙体表面允许偏差、观感质量达到直接装修的质量水平。本工程墙板高度为2.20~2.51m，宽度采用100mm、200mm、400mm、600mm标准板、L形板（200mm×200mm）；墙板厚度100mm、120mm、200mm。其工艺流程为：结构墙面、地面、顶面清理放线→配板→安装U形钢卡→配制胶粘剂→安装隔墙板（图1）。重点控制ALC条板的垂

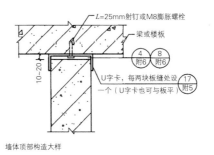
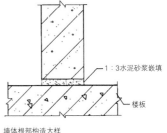

图1 ALC轻质隔墙构造大样

复合免拆保温模板　　　　　　　　预制楼梯　　　　　　　　　架空地板模块　　　　　　　　　地暖模块

图2　过程控制现场图

直、平整度，固定件及缝隙填充一定要按照方案进行。

（六）厨房、卫生间采用集成厨卫：集成厨卫施工是工厂生产，现场拼装的模式，集成厨卫一定要对照结构图纸进行设计优化，特别是门窗洞口及管道等部位要准确，以降低后续质量风险。现场拼装严格按工艺要求进行，确保拼装接口的严密性和防水性。对将隐蔽的给水排水管道提前做好打压、通水及闭水试验，确认无异常后再进行集成厨卫施工。

（七）室内地面采用架空地板模块，地暖模块敷设地暖管，地面层采用复合硅酸钙地板。地面施工时应对基层清理干净，后依据标高控制线控制标高，逐层敷设，即：安装架空地板模块、地暖模块，敷设地暖管、复合硅酸钙地板面层（图2）。

五、过程验收

验收就是对方案及设计文件进行审核，并根据相关标准及设计文件对工程质量的合格与否进行确认。对每一道工序进行合格确认，上道工序不合格不进行下道工序的施工，严格履行前后工作交接验收手续，并保证资料与实体同步，以确保最终工程质量。

结语

做好预控、过程控制及验收的质量管理工作，关键是看管理团队的管理水平、质量意识，要有对质量要求的精益求精的态度，注重职业道德和敬业精神，不断提升质量管理水平和专业技术能力，注重对细节的把控，只有把每一个环节做好，才能使施工质量得到根本性的保障。

BIM技术在项目监理工作中的应用价值

惠 美 张 丹 雷 帆

西安高新矩一建设管理股份有限公司

摘 要： 随着BIM技术在建筑行业的快速发展和落地应用，已成为建筑行业迈向高质量发展的主要科技工具之一，将传统的建造过程转变为数字化和信息化的主要技术应用。作为建设项目主要管理方之一，工程监理企业担负着新时代、新征程上更大、更艰巨的社会责任，为顺应行业高质量发展、提高企业市场竞争力，不断优化工程监理的管理思路、管理策略、管理方法、管理工具等，公司主导中国科学院地球环境研究所西安地球环境创新研究院项目DK-1地块（一期）项目开展BIM技术项目管理应用工作，希望发挥BIM技术在项目管理中的应用价值，探索更高质量、更高效的管理方法，颠覆传统认知，促进建筑业精细化管理理念发展，不断提升监理企业服务水平，提升自身品牌影响力。

关键词： BIM技术；精细化管理；高质量发展

一、项目背景意义

西安科学园位于丝路科学城科学中心组团，由中国科学院与陕西省合作共建，总规划面积5km²，于2019年启动建设。其立项之初的目标就是要助力西安争创综合性国家科学中心。西安科学园各项建设工作正在稳步推进，目前，高精度地基授时系统和先进阿秒激光设施即将开工建设，国家授时中心已完成部分项目调试运行，地球环境研究所即将搬迁入驻，由中国科学院西安分院系统研究所牵头组建的3个全国重点实验室已获批建设。重大项目的布局和科技要素的聚集，支撑起西安"双中心"建设，为实现我国高水平科技自立自强和创新驱动高质量发展贡献西安力量。

公司参与建设的中国科学院地球环境研究所西安地球环境创新研究院项目DK-1地块（一期）作为该区域的重要组成部分，项目建设伊始，建设单位便对各参加方提出了更高的标准和要求，为更好地完成项目建设任务，高标准、高质量打造科学城核心地块，公司决定将本项目作为BIM技术落地应用试点工程，充分发挥BIM技术和管理深度融合的价值优势，不断优化管理工具、管理方法、更加高效地实现项目建设目标。

BIM技术与传统项目管理相融合，利用BIM技术优势更加高效地实现管理目标，同时暴露出传统管理方式未能及时发现的重难点问题，加强管理工作预见性，使事前目标控制最大化；鼓励全体管理人员不断学习，转变思路，积极主动地借助信息化工具开展日常管理工作，不断探索，实现管理模式的变革，不断提升监理工作成效。

从日常的监理履职，到突出监理工作成效，在行业精细化、高质量发展中，建设单位的日趋高标准的要求下，给监理企业、监理人员从事项目管理（监理）工作，提出了更高的目标，对传统的监理工作方法、工作思路提出挑战，如何提高监理工作质量、履职成效、提升建设单位满意度等，都告诉我们仅靠传统手段和方法比较困难，还需要打破传统思维，学会借助BIM技术等信息化、数字化工具，通过项目整体数字化表达，可视化演示，有利于更加直观、高效地开展项目建设、管理，更加切实、高效、准确地提前消除、预控、分析，项目建设全过程，从而更加科学地进行安全、质量、进度管控。监理企业作为项目管理主体，更应追赶超越，不断寻求专业技术、项目管理水平的突破。

二、项目简介

中国科学院地球环境研究所西安地球环境创新研究院项目 DK-1 地块（一期）工程位于西安市高新区技术开发区，阿底路以东，南丰七路以北，灵沼路以西，南丰西路以南。

本工程包括 2 栋宿舍楼（1、2 号楼）、一栋综合楼（3 号楼）、5 栋实验楼（4~10 号楼）、2 栋办公楼（8、9 号楼）及地下车库。基础结构形式为筏板和桩基础，结构形式为框架结构、框架剪力墙结构。总建筑面积 114754.38m²，其中地上建筑面积 89321.81m²，地下建筑面积 25432.57m²。使用年限 50 年，建筑物抗震设防烈度 8 度。

本项目单体数量多，单体建筑功能及用途差别大，结构形式多样；安全文明施工要求高；为高标准实现"省级文明工地""长安杯"优质工程等目标，单位采取传统监理模式 +BIM 应用管理模式对项目进行全方位管理。

三、BIM 管理实施策划

（一）建立组织架构

组建以 BIM 中心牵头的 BIM 领导小组和现场实施小组，使 BIM 整体工作的实施和管理有了很好的基础。各组职责分工明确，各司其职。

（二）前期策划及准备工作

项目实施阶段，BIM 团队、项目监理部等通过各种形式积极联系建设单位、总包单位，协调各方共同开展 BIM 技术应用准备工作，搭建本项目 BIM 技术应用体系，充分调动参建各方的积极性、主动性，为本项目 BIM 技术落地应用创造良好环境，将 BIM 技术更好地应用在项目建设管理中，为项目建设增值。

项目实施，方案先行，在 BIM 技术应用准备阶段先后完成由公司 BIM 中心牵头编制的公司级《BIM 技术应用策划方案》，项目监理部编制了《"监理 +" BIM 管理策划方案》《BIM 技术应用计划表》等实施文件，并开展方案及应用计划技术交底工作，加强参建各方沟通协调，为本项目 BIM 技术落地应用奠定坚实基础。

四、监理单位 BIM 技术应用主要内容

①基于 BIM 模型的图纸审查，图纸优化设计，生成图纸优化设计建议书。②基于总平面图实现三维场地布置规划建议。③基于 BIM 模型，进行各专业间错、漏、碰、撞检测及管线综合排布方案的确定。④基于 BIM 模型 4D 施工进度模拟管理。⑤基于 BIM 模型的工程计量，辅助工程量审核，提供工程量审核依据。⑥基于 BIM 模型三维可视化辅助施工方案、专项安全方案等审查、技术交底、工序验收，优化项目管理流程，实现高效管理。⑦基于 BIM 模型三维可视化提供建设项目装饰装修方案比选，提升管理效率、装修质量。⑧投资、质量、进度、安全控制管理中的其他事项。

五、BIM 技术应用阶段性成果汇总及监理管理成效

（一）BIM 技术落地应用核心理念

按照本项目施工总进度计划安排，编制 BIM 技术应用计划表，严格按照 BIM 技术落地应用目标，超前完成各项应用内容的模型及其他成果文件，在实际施工工序开始前完成方案审查、安全技术交底等工作，确保 BIM 技术切实有效、及时准确地落地应用，达到指导施工、提升管理水平的目的，让各参与方真真切切地体会到 BIM 工具的优势，从而不断提升建设项目信息化、数字化、精细化管理，推动建筑业高质量发展。

（二）BIM 技术 + 管理的新思路

1. 建立 BIM 模型创建管理流程

BIM 技术落地应用的根本，在于其本身即建筑信息模型，模型的精度，模型信息的完整性、真实性等是后续实施的基础条件，所以建筑信息模型的质量至关重要（图 1）。但在实际应用过程中各阶段、各参与方确立的应用角度不同、价值点不同，从而导致各方重复性地花费人力、物力去建立项目模型，各自为战，往往收效甚微；模型的精度达不到要求，模型的信息不完整，无法全面、有效地传递设计图纸信息等，久而久之得不到更好的提升，便给大家造成 BIM 技术作用不大的印象，又耗费时间、精力，从而让很多 BIM 专业人员失去信心，半途而废，坚持的人也时不时地产生怀疑，这严重限制了 BIM 技术的进一步发展。当然，一个新事物的产生和发展，往往就是在困难、问题、质疑中不断前进，我们的每一分努力都不会白费。

本项目在 BIM 技术应用前期充分考虑了 BIM 技术近些年的发展现状，分

析存在的问题，不断尝试改进工作方法，能够更加高效、高水平地开展 BIM 技术落地应用，充分展现 BIM 工具的优势、价值，更好地服务于项目建设。

监理单位本着公平、公正的原则，旨在为提升监理服务水平、为建设单位提供更优质的服务，为建设项目增值，充分调研了项目实施情况，获得了建设单位的大力支持。公司技研部——BIM 中心、项目监理部，充分沟通协调各参建单位后，确定了以监理单位为主导的 BIM 技术应用管理体系，充分发挥各单位优势资源、明确责任分工，统一技术标准，为进一步 BIM 技术应用奠定最基本、最关键的保障，最终实现互惠共赢。

2. 建立设计验证管理流程

通过监理方、施工方各专业 BIM 技术人员的共同努力，按计划完成本项目建筑、结构、机电等专业模型，监理单位通过各专业的模型审查，提出统一的修改意见，并不断优化各专业模型，确保模型精度，满足实际需要（图 2）。

在建立模型的过程中各专业技术人员详细地审查设计图纸文件，更加专业、系统地发现设计图纸中的错、漏项，及不合理的设计问题，统一汇总形成设计图纸问题验证报告，提交建设单位审核，由设计单位逐一答疑，从而优化传统的图纸会审、设计交底工作方法，大幅提升了图纸会审、设计交底工作质量，充分了解建设单位需求，提升设计图纸质量，从而减少不必要的设计变更、沟通协调，为后续的项目实施提供更加完备的设计方案。

3. 建立重要施工方案审核管理流程

传统的施工方案编制、审核流程往往重视流程审核，而忽视方案编制的质量、实操等，方案编制往往在一两个技术人员之间产生，审核也只不过是某一位技术人员的意见，导致方案编制内容单一、描述不全面、错误率高等问题，加之后续的方案交底、技术交底应付了事，施工方案失去了指导实际施工的意义，施工过程中也很少再有人去查阅方案，进行动态管理，更多时候实际施工与方案编制不符，这些将导致严重的质量、安全等问题。

本项目借助 BIM 工具辅助施工方案审核，将施工各阶段的重要分部分项工程施工方案、安全专项方案等 [场地布置方案、安全文明施工方案、创优方案及主要分部分项工程施工方案等；危大工程及主要分部分项工程方案实施安全管理（基坑开挖支护方案、高架支模、满堂架及外脚手架搭设、吊篮施工等）]，通过建立三维模型，将施工方案进行三维数字化表达；项目监理部组织各参建单位召开方案讨论会，通过三维可视化方案演示、动画漫游等方式，由施工单位方案编制人员讲解方案编制依据、编制原则及具体实施思路等；参建各方对方案的合理性、可操作性进行评价，对方案存在的问题，提出修改意见，不断优化施工方案，让施工方案审核更加直观、高效、及时准确地暴露存在问题；同时受众面广，大家从不同角度提出意见，使施工方案更加完整、有效，实操性强，杜绝了方案变更频发，实际施工与已审批方案要求不符等问题，确保方案实施的质量、安全；从而大大减少不必要的沟通协调，降低管理成本（图 3）。

（三）BIM 技术应用管理措施

各项工作任务的完成，都离不开监督管理、完美计划、有力执行、监督反馈，缺少哪一个环节都可能导致计划无法顺利实施（图 4）。

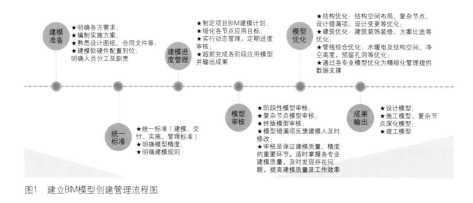

图1　建立BIM模型创建管理流程图

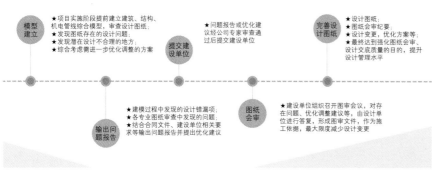

图2　建立设计管理流程图

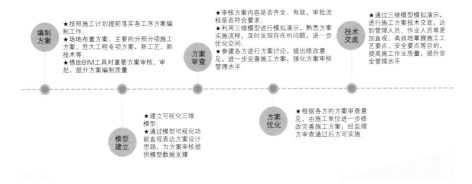

图3 建立重要施工方案审核管理流程图

图4 BIM技术应用管理措施

本项目为更好地实现BIM技术落地应用，严格遵照策划方案执行，制定了BIM技术应用管理措施，通过公司级、项目级的层层监督管理，定期开展内部、外部沟通机制，对比进度是否存在偏差，总结阶段性应用成果，及时发现问题并分析解决，通过定期的工作汇报让参建各方了解、掌握BIM技术实施情况，应用价值所在，同时争取建设单位的肯定及大力支持，提升监理服务水平。

结语

监理行业作为建设项目参建主体之一，在建筑业高质量发展进程中，国家、社会赋予监理行业更高标准、更高质量的要求，监理企业也肩负着更大的社会责任，对于传统的管理思路、管理方法已经难以满足高速发展的行业需求、市场竞争，企业在不断转型升级中寻求发展。

对于从业者来说，转变思维，掌握新的管理手段、工具，在建筑业信息化、数字化、精细化管理的发展中才能赢得一席之地，主动求变，积极拥抱新事物，并加以利用，才能真正感受到科技带来的便捷。

建筑信息模型无疑是现阶段建筑领域，最为先进的科技工具，当然发展过程是曲折的，道阻且长，大家各有认知、各有评价，在这样一种环境中，我们只有脚踏实地，储备能力，培养人才，以不变应万变，顺应潮流、趋势，静静地等待下一场变革，当它真正降临时，我们已成为行业的领跑者。

工程质量司法鉴定常见裂缝质量问题及防治对策分析

沈 宏

陕西兵咨建设咨询有限公司

摘 要： 随着社会进步和建筑行业的飞速发展，全民法律意识不断提高，工程质量纠纷案件时有发生，因涉及建筑行业一些较为专业的知识、理论，故法院在审理该类案件时往往需要委托第三方机构进行专业的判断，由第三方出具司法鉴定意见书，作为法院审理该类案件的证据材料用于审判，其中房屋裂缝是常见质量问题之一。

关键词： 建筑施工；裂缝；质量问题；防治对策分析

陕西兵咨建设咨询有限公司，自2012年成立司法鉴定中心以来，接受各类工程质量、工程造价委托案件1200多个，在工程质量民事案件中，运用专业技术和知识对工程质量争议加以判断，并作为案件审理的重要证据材料，对案件的公平、公正审理起到了非常重要的作用。

裂缝是鉴定中常见的质量问题，其形成的原因可分为如下多种：

1.收缩性裂缝：由环境及材料干湿变化引起，一般在墙面表现为网状分布，或多产生于两种不同材料的交接处，如混凝土墙面与砌体墙面产生较多，一般这种裂缝对主体结构并无影响。

2.温度裂缝：由于环境温度变化，结构因热胀冷缩变形引起，一般形成在房屋顶层，如平屋面沿圈梁的水平裂缝，沿窗洞口角部的竖向裂缝，沿窗洞口角部或室内纵墙的对角斜向裂缝，此类裂缝多产生于房屋两端，而中间房屋产生较少。

3.沉降裂缝：由于地基基础的不均匀沉降引起，多表现为墙体正八字形状、倒八字形状斜向裂缝，由砌体灰缝灰浆粉化压缩引起的上部水平裂，这种裂缝多出现在房屋下方，裂缝宽度呈现下大上小的特点。对于支座沉降引起的钢筋混凝土梁，多表现为竖向开裂等。

4.变形裂缝：地基虽未发生沉降，但因房屋主体结构单向受力发生变形，多表现为墙面交叉裂，纵横墙连接处竖向裂缝，房屋倾斜引起的梁、板开裂等。

5.结构裂缝：由于外部荷载作用造成房屋产生裂缝，多表现为梁下、墙柱的多条竖向裂缝，梁板受力主筋处的横向水平裂缝、斜裂、跨中的环绕贯通裂，支座边的剪切斜裂，受拉杆件的横裂等。在实际鉴定过程中需要鉴定人员对房屋形成的裂缝进行系统的鉴定并分析。对

于收缩性裂缝、温度裂缝，以及裂缝较小已不再发展的沉降裂缝一般无危险性。对裂缝较大或仍在发展的沉降裂缝、变形裂缝、结构裂缝可能存在危险性，就需要鉴定人判断该裂缝如何形成，房屋结构受力情况，结合规范综合判断并形成鉴定报告。

在鉴定过程中现场质量问题多，形成质量问题的原因并不单一，往往需要鉴定人根据经验依据相关规范准确判断，并对形成原因分别描述，对各种原因的参与度进行划分。为了审判更为客观、公正，这对鉴定人而言无疑是一项技术和经验的综合考验。

一、案例一：房屋地基不均匀沉降引起的裂缝

某住宅楼为砖混结构，地上6层，两个单元，每个单元一部电梯，一梯两户。

工程交付使用 1 年后，发现该住宅楼其中一个单元墙体 1~6 楼相同部位均不同程度地出现墙体裂缝，尤其西户裂缝相对更为严重，楼层越低，裂缝越严重。墙体裂缝主要出现在餐厅、客卫、北卧、主卫、客厅及阳台部位，厨房、主卧、次卧相对较轻。

西户墙体裂缝最严重的位置在餐厅的北墙，裂缝主要分布在北窗周围，窗下斜向裂缝，四角八字裂缝及水平裂缝，缝宽普遍在 1.0~4.1mm 之间。

各楼层相同部位裂缝走向规律性表现为西高东低，局部伴有错台。

（一）建筑物检测结果

根据建筑物现状，鉴定组对房屋实体进行了全面检测，该建筑最大局部倾斜位于 1~12/H 轴之间，最大倾斜率为 4.73‰。根据《建筑地基基础设计规范》GB 50007—2011 第 5.3.4 条的要求，地基变形的允许值为局部倾斜不大于 2‰，地基变形不满足规范要求。

依据《民用建筑可靠性鉴定标准》GB 50292—2015 第 7.2.3 条的规定，该建筑物地基基础的安全性等级应评定为 Cu 级。

该建筑物屋盖和楼盖设有圈梁，纵横墙设有构造柱，但 1~6 层阳台构造柱混凝土存在裂缝损伤。依据《民用建筑可靠性鉴定标准》第 7.3.9 条规定，安全性等级应评为 Bu 级。

该建筑墙体裂缝主要出现在餐厅、客卫、北卧、主卫、客厅及阳台部位，厨房、主卧、次卧相对较轻，宽度均未超过 5mm。根据《民用建筑可靠性鉴定标准》第 5.4.5 条、第 5.4.6 条的规定，以上位置 1~6 层墙体安全性等级应评定为 Bu 级，其余构件的安全性等级应评定为 Au 级。

（二）结论及建议

综上所述，该建筑物地基基础安全性等级评定为 Cu 级，上部承重结构安全性等级评定为 Bu 级，依据《民用建筑可靠性鉴定标准》第 9.1.2 条 1 款、第 3.3.1 条的规定，目前建筑整体结构的安全性等级应评定为 Csu 级，其安全性不符合本标准对 Asu 级的规定，显著影响整体承载，应采取措施。

通过地基检测结果可知，存在灰土垫层厚度严重不符合设计要求、灰土及素土压实系数不符合设计要求、换填深度不足、杂土未完全清除等问题。

由于地基处理施工不符合设计要求，导致该建筑物发生不均匀沉降，最终产生墙体开裂。

需采取以下整改修复措施：

1. 对地基基础进行加固处理，建议采用压力注浆处理。

2. 对墙体裂缝进行修复，墙体裂缝需铲除抹灰层，建议采用压力注胶，挂钢丝网抹灰处理。

3. 对阳台构造柱柱头混凝土缺陷进行修复，阳台构造柱裂缝建议采用压力注胶，较大的裂缝或柱头碎裂凿除重新浇筑高一标号加微膨混凝土浇筑。

二、案例二：混凝土缺陷引起的裂缝

申请人购买一套某住宅，毛墙毛地，面积 86.95m²。购房后，发现房屋顶板有多处可见修复痕迹，后发现室内顶板、梁均存在不同程度的裂缝。因申请人担心房屋主体结构有严重质量问题，后申请鉴定。

（一）建筑物检测结果

根据房屋现状，公司对房屋进行了混凝土抗压强度、钢筋保护层厚度、裂缝检测。

1. 混凝土抗压强度检测

该建筑混凝土构件采用预拌混凝土浇筑，按照陕西省地方标准《回弹法检测泵送混凝土抗压强度技术规程》DBJ/T 61—46—2007 的要求，采用回弹法对构件现龄期混凝土抗压强度进行检测。对于混凝土抗压强度推定值，按照《民用建筑可靠性鉴定标准》附录 K，老龄混凝土回弹值龄期修正的规定，对测区混凝土抗压强度换算值进行修正，修正系数取 0.98。

现场检测中发现个别构件如二层梁 13/1B~2/C、一层墙 10/B~C、层 15/A~C 等构件表面采用较厚的修复砂浆进行过修补，外观质量存在缺陷。本次检测仅对外观质量正常的测区进行检测，共计抽检 7 个部位梁板混凝土，现龄期混凝土抗压强度推定值分别为 55.6MPa、54.7MPa、52.7MPa、57.2MPa、58.3MPa、58.1MPa、40.7MPa，所检测构件混凝土抗压强度符合设计要求。

2. 钢筋保护层厚度检测

根据该建筑物结构类型及现场实际情况，依据国家标准《混凝土结构工程施工质量验收规范》GB 50204—2015 及《混凝土中钢筋检测技术标准》JGJ/T 152—2019，采用电磁感应法对梁、板钢筋保护层进行检测。对选定的梁类构件，对全部纵向受力钢筋的保护层厚度进行检验；对选定的板类构件，抽取不少于 6 根纵向受力钢筋的保护层厚度进行检验；对每根钢筋，选择有代表性的不同部位量测 3 点取平均值。

梁：抽检点数 7，合格点数 5、不合格点数 2，合格率 71.4%。

板：抽检点数 18，合格点数 18，

不合格点数0，合格率100%。

国家标准《混凝土结构工程施工质量验收规范》规定："当全部钢筋保护层厚度的合格点率不小于90%且不合格点数的最大偏差不大于允许偏差的1.5倍时，钢筋保护层厚度的检验结果应判为合格。"根据上述检测结果，所测板钢筋保护层厚度均符合设计及规范要求；所测梁构件，其中1个构件钢筋保护层厚度超过规范要求，导致本次梁检测批保护层厚度不符合设计及规范要求。

3.裂缝检测

对房屋混凝土构件裂缝进行了详细调查检测，裂缝主要分布在楼板及梁上。板裂缝主要分布在板底，走向无明显规律。梁裂缝主要分布在梁腹部及底面，为横向裂缝，主要表现为中间宽、两头尖。

其中客厅、餐厅的8处，门厅的2处，卧室1的1处，卧室2的4处，卫生间门口过道的2处有修复痕迹，无法进行缝深检测。其余裂缝未处理，但多处板裂缝区域可见渗水痕迹，有反碱现象。最大裂缝宽度0.14mm，裂缝深度86.8mm。

梁裂缝：梁上可见裂缝主要分布在梁腹部及底面，为横向裂缝，呈现为中间宽、两头尖。最大裂缝宽度0.24mm，裂缝深度77mm。

依据《混凝土结构设计规范（2015年版）》GB 50010—2010第3.4.5条规定，裂缝未超过室内一类环境裂缝宽度0.3mm的限值，也未超过《民用建筑可靠性鉴定标准》中表5.2.5条混凝土构件不适于承载的裂缝宽度0.7mm的规定。

结构构件应根据结构类型和本规范第3.5.2条规定的环境类别，按表1的规定选用不同的裂缝控制等级及最大裂缝宽度限值 ω_{lim}。

当混凝土结构构件出现表2所列的受力裂缝时，应视为不适于承载的裂缝，并应根据其实际严重程度定为Cu级或Du级。

（二）结论及建议

1.混凝土分项工程：抽检的梁、板的混凝土抗压强度检测结果符合设计要求。客厅与餐厅东侧的梁、客厅与阳台西侧的墙、卧室1东侧的墙外观质量存在一般缺陷，须进行处理。

2.钢筋分项工程：抽检的梁、板钢筋保护层厚度检测，板钢筋保护层厚度符合设计及规范要求；所测梁构件中餐厅北侧的梁钢筋保护层厚度超过规范要求，须修复处理。

3.现浇结构分项工程：抽检的板裂缝大部存在无规则网状分布，梁裂缝主要分布在梁腹部及底面，为横向裂缝，呈现为中间宽、两头尖，须修复处理。

涉案房屋混凝土外观存在质量缺陷，经维修后可居住使用。

三、农村自建房屋安全性鉴定

近年来，随着国家对农村自建房管控力度加大，不少农村自建房房主申请对房屋进行安全性鉴定。某农村自建房工程，地上6层混凝土框架结构，建筑面积约830m²，建造于2021年，其使用功能为住宅。

（一）建筑物检测结果

经对房屋现状勘验，混凝土构件未出现露筋、蜂窝、孔洞、夹渣、疏松、裂缝等现象，也未发现有麻面、起砂、沾污等外表缺陷；结构连接部位牢固，未见松动等缺陷；构件外形平整，未见缺棱掉角等外形缺陷。

结构构件的裂缝控制等级及最大裂缝宽度限值 表1

环境类别	钢筋混凝土结构		预应力混凝土结构	
	裂缝控制等级	ω_{lim}	裂缝控制等级	ω_{lim}
一	三级	0.30（0.40）	三级	0.20
二a				0.10
二b		0.20	二级	—
三a、三b			一级	—

对结构构件出现裂缝时的定级 表2

检查项目	环境	构件类别		Cu级或Du级
受力主筋处的弯曲（含一般弯剪）裂缝和受拉裂缝宽度/mm	室内正常环境	钢筋混凝土	主要构件	>0.50
			一般构件	>0.70
		预应力混凝土	主要构件	>0.20（0.30）
			一般构件	>0.30（0.50）
	高湿度环境	钢筋混凝土	任何构件	>0.40
		预应力混凝土		>0.10（0.20）
剪切裂缝和受压裂缝/mm	任何环境	钢筋混凝土或预应力混凝土		出现裂缝

注：1.表中的剪切裂缝系指斜拉裂缝和斜压裂缝。

2.高湿度环境系指露天环境、开敞式房屋易遭飘雨部位、经常受蒸汽或冷凝水作用的场所（如厨房、浴室、寒冷地区不保暖屋盖等）以及与土壤直接接触的部件等。

3.表中括号内的限值适用于热轧钢筋配筋的预应力混凝土构件。

4.裂缝宽度以表面测量值为准。

安全性鉴定分级标准 　　　　　　　　　　表 3

层次	鉴定对象	等级	分级标准	处理要求
一	单个构件或其检查项目	Au	安全性符合本标准对Au级的要求，具有足够的承载能力	不必采取措施
		Bu	安全性略低于本标准对Au级的要求，尚不显著影响承载能力	可不采取措施
		Cu	安全性不符合本标准对Au级的要求，显著影响承载能力	应采取措施
		Du	安全性不符合本标准对Au级的要求，已严重影响承载能力	必须及时或立即采取措施
二	子单元或子单元中的某种构件集	Au	安全性符合本标准对Au级的要求，不影响整体承载	可能有个别一般构件应采取措施
		Bu	安全性略低于本标准对Au级的要求，尚不显著影响整体承载	可能有极少数构件应采取措施
		Cu	安全性不符合本标准对Au级的要求，显著影响整体承载	应采取措施，且可能有极少数构件必须立即采取措施
		Du	安全性极不符合本标准对Au级的要求，严重影响整体承载	必须立即采取措施
三	鉴定单元	Asu	安全性符合本标准对Asu级的要求，不影响整体承载	可能有极少数一般构件应采取措施
		Bsu	安全性略低于本标准对Asu级的要求，尚不显著影响整体承载	可能有极少数构件应采取措施
		Csu	安全性不符合本标准对Asu级的要求，显著影响整体承载	应采取措施，且可能有极少数构件必须及时采取措施
		Dsu	安全性严重不符合本标准对Asu级的要求，严重影响整体承载	必须立即采取措施

根据房屋情况，公司对房屋进行了专项检测如下：

1. 建筑物现场踏勘及结构现状调查；

2. 混凝土强度检测；

3. 钢筋数量和间距检测；

4. 结构实体位置与尺寸偏差检测；

5. 建筑物沉降及倾斜变形检测；

6. 结构承载力验算分析；

7. 根据以上检测及验算结果，对既有建筑进行安全性评定；

8. 建筑物抗震性能分析及评定。

通过专项检测，检测结果如下：

1. 所检构件的混凝土抗压强度符合设计要求；

2. 所检构件钢筋数量、间距及偏差符合设计及规范要求；

3. 所检构件截面尺寸及偏差符合设计及规范要求；

4. 地基变形满足规范要求；

5. 整体倾斜满足规范要求；

6. 该建筑构件抗力效应比基本均大于 1，个别构件抗力效应比小于 1，承载力基本满足规范要求；

7. 该建筑物地基基础安全性等级评定为 Bu 级，上部承重结构安全性等级评定为 Bu 级，围护系统的承重部分安全性等级评定为 Bu 级。评级标准依据《民用建筑可靠性鉴定标准》第 3.3.1 条规定；

8. 整体抗震性能不满足 C 类建筑后续使用年限 50 年的要求。

民用建筑安全性鉴定评级的各层次分级标准，应按表 3 的规定采用。

（二）结论及建议

1. 该建筑整体结构的安全性等级为 Bsu 级，其安全性略低于本标准对 Asu 级的规定，尚不显著影响整体承载。

2. 该建筑部分抗震构造措施不符合规范要求，抗震承载力不符合规范要求，整体抗震性能不符合规范对 C 类建筑的要求。

3. 建议条件合适时应对房屋进行抗震加固。

总结

导致房屋产生裂缝的原因有很多，其往往不是单一存在，更多情况是几种问题累积组合，共同显现出来的裂缝。这些裂缝也反映出施工质量对于工程的重要性，只有科学、规范、严谨的态度，重视质量，才可以避免后期质量问题的发生。

数字建造与监理的转型

王晓光

山西瑞德盛工程咨询有限公司

摘 要： 在国民经济稳健发展的大环境下，我国建筑工程行业面临良好的发展机遇，尤其随着城镇化进程加快，房屋建筑工程的数量增加、规模扩大。工程监理是工程建设的参与主体之一，具备资质的监理单位接受业主委托，可根据现行法律法规、技术规范、项目建设文件和合同内容，对施工方的建设行为进行监控。监理工作的目的，是保证工程建设质量安全，提高建设水平和经济效益。在房屋建筑工程领域，随着"四新技术"的应用，传统的监理方法和手段表现出滞后性，无法及时发现问题，因此必须创新监理观念和方法，才能适应新形势下的工程管理要求。本文结合笔者的工作实践经验，探讨了房屋建筑工程监理管理的创新策略。

关键词： 发展趋势；工程监理

2017年2月，《国务院办公厅关于促进建筑业持续健康发展的意见》明确指出，要"培育全过程工程咨询"。2019年3月，《国家发展改革委 住房城乡建设部关于推进全过程工程咨询服务发展的指导意见》再次明确，要在房屋建筑和市政基础设施领域"建立全过程工程咨询服务技术标准和合同体系"，通过标准的制定解决人们对全过程工程咨询认识不一、理解各异的现实问题，并引领一批有发展潜力的工程咨询类企业发展全过程工程咨询，增强国际竞争力。

一、建设工程监理行业现状

（一）职责划分不明确

监理单位内对监理岗位的职责划分不明确，一方面是由于重视度不够，导致监理工作处于被动状态。例如：图纸会审时，没有仔细审核设计细节；施工准备环节，没有严格审查设计方案；现场监理时，作业环境中的安全隐患没有识别出来。另一方面是监理授权比较复杂，从承接监理业务开始到所有工作完成，要遵循权责一致的原则，尤其要做好细节的管理工作。一旦行业内部存在恶性竞争，监理单位以经济效益为主，就会影响职责划分和实际执行工作，造成管理混乱的局面。

（二）监理工作的安全防范性较低

就目前建筑工程监理工作状况分析，整体的工作安全防范性相对较弱，对于建筑工程中薄弱环节的把控能力不高，给整个工程建设带来了一些安全隐患，进而影响到了建筑工程建设质量。在建筑工程中，需要提升监理工作的安全防范性，并且要严格按照建筑项目监理规定进行，增强对项目重难点的管控。然而，当前监理工作的安全防范性相对较低，对建筑工程后续施工造成了一些负面影响。

（三）人员问题

想要做好建筑工程的施工工作，各参建部门必须协同配合，因为优质的建设成果离不开每一个人的努力。而作为各项施工工作的主体，施工人员的操作行为是否规范直接决定了施工质量是否合格。通常情况下，施工团队的职责划分相对清晰，无论是管理人员、技术人员还是施工人员，都有着各自的职责。在建设过程中，不同岗位的工作人员只需要做好自己的本职工作，积极提高自身的技能水平,就可以有效提高整体施工质量。同时,监理人员也应明确自身的责任和义务,不断提高自己的专业能力,并结合工程的实际情况对建筑工程的建设内容做出合理调整,从而更好地推动工程建设目标的实现。

二、全过程工程咨询当前环境下的优劣势

全过程工程咨询包含全过程项目管理和全过程专业咨询,全过程项目管理运用系统的理论和方法,对建设工程项目进行计划、组织、指挥、协调和控制等活动。管理内容包含项目策划管理、报建报批、勘察管理、设计管理、合同管理、投资管理、招标采购管理、施工组织管理、参建单位管理、验收管理,以及质量、计划、安全、信息、沟通、风险、人力资源等管理与协调工作。全过程专业咨询是在全过程工程咨询服务中由专业咨询工程师所提供的投资咨询服务,如项目建议书、环境影响评价报告、节能评估报告、可行性研究报告、社会稳定风险评价、水土保持方案、地质灾害危险性评估、交通影响评价、防洪评价等(图1)。

(一)全过程工程咨询公司的优势

综合性:可以提供从项目策划、设计、施工到投运及后续维护等全方位的咨询服务,确保不同阶段的工作协调一致。

专业性:拥有一支专业的技术团队,熟悉各类工程的规划、设计、建设和管理要求,能够提供建议和解决方案。

精益化:在多年的实践中积累了丰富的经验和案例,能够通过优化设计和施工流程、降低成本、提高效率和品质等方面实现精益化管理。

降低风险:可以预测和识别可能存在的问题和隐患,并制定相应的措施和预案,以减少项目实施过程中的风险和不确定性。

提高收益:全过程工程咨询公司可以加强项目管理、降低成本、提高效率和品质,最大限度地提高项目收益。

(二)目前国内全过程工程咨询存在的问题

1.行业发展不平衡:一些地区的全过程工程咨询服务供给比较充足,而另一些地区则缺乏高素质人才和专业机构。

2.行业标准化程度不高:全过程工程咨询领域需要提高标准化程序和要点以保证建设项目顺利推进。

3.价格竞争激烈:由于市场上有大量的全过程咨询机构、专家和团队,价格上的压力也逐渐加大。

4.专业性较弱:一些企业的咨询范畴不够精细,导致咨询过程中出现了帮助较低、意见单一的现象。

5.人才短缺:国内全过程工程咨询行业发展时间相对较短,好的企业往往是少数。此外,目前许多企业的主要业务还是问题解决和技术咨询,而在实际的全过程工程建设中的经验和能力还有待提升。

6.监管不力:虽然相关法规和标准已经出台,但在实际工程中,由于监督机构缺乏足够的监管力度,导致一些企业在实施过程中存在违规行为。

(三)全过程工程咨询实施中的难点

1.管理层支持:全过程工程咨询需要各级管理层的积极支持和参与,缺乏足够的关注会导致项目无法得到有效实施。

2.团队组建:项目在开始之前,需要组建团队成员,包括合适的专业人员和技能水平匹配的人员,以及合适数量的人才,以确保项目顺利实施。

3.数据采集和分析:数据采集和分析是全过程工程咨询中非常关键的一环,如果数据采集不完整或者分析有误,将影响咨询结果的质量。

4.解决方案实施:实施解决方案需要克服的挑战包括组织变革、文化变革、培训和推广。必须针对性地制定并且执行具备可行性的解决方案,以确保达到预期效果。

要想获得长久的发展,树立良好的形象,得到社会的重新认可与重视,工程监理行业必须依托国家政策进行改革创新,不断加强自身建设,努力提高综合实力。

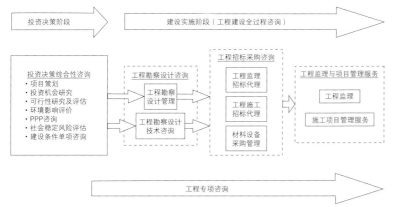

图1 全过程工程咨询示意图

三、数字化建造的背景与现状

党的十九大报告指出，我国经济已由高速增长阶段转向高质量发展阶段，正处在转变发展方式、转换增长动力的攻关期。发展数字经济、建设数字中国已成为国家战略，同时也为各行业发展提供了战略导向。国家大力发展以"新基建"为核心的数字基础设施是实现新旧动能转换和跨越式发展的核心举措，新基建将加速数字化技术的发展，为企业的数字化转型提供更加有利的条件。

随着数字化大潮的到来，数字经济正影响着全球的各行各业，在推动社会进步的同时，也正影响着人们的生活与工作方式。在数字科技的大背景下，产业端的发展也将迎来巨变，数字化转型已经成为各个产业发展的必然选择。

随着"数字中国"和"中国建造"等概念的提出，建筑业企业对数字化发展越来越重视。我国数字化技术在建造阶段的应用水平已逐步和世界接轨，价值呈现日渐明显数字化应用也被认为是提升工程项目精细化管理和企业集约化经营的核心竞争力。在建筑业高质量发展的趋势下，数字化转型促进了建筑工业化与信息化的深度融合和快速发展。因此，数字化应用对当前建筑业尤其是建造阶段的发展具有极其重要的作用。

目前，整个建筑行业的数字化程度非常落后。国内范围来看，建筑业的数字化程度在所有的行业中排在最后；全球范围来看，建筑业总体的数字化程度仅比农业高。

四、利用数字化促进监理转型

（一）有效促进项目监理人员履职

监理项目分散在各地，项目监理人员分散在现场。除了短时间突击检查外，公司没有很好的办法管理项目，总监没有很好的办法管理监理人员。监理工作行为数字化，通过标准化的工作行为，各监理人员当天工作清晰可见，解决了公司对项目、总监对下属的即时管理问题，有效地促进了现场监理机构各级人员履职。

（二）完善了监理过程信息

从数据可以看出，监理工作行为数据化系统自动生成的日常工作资料约占95%，手动上传阶段性资料约占5%，意味着没有采用系统之前，95%的监理人员工作行为资料都没有留存下来，监理履职信息将无法复原。工程完工，监理单位交付的是不能体现全面工作的5%的资料，体现监理价值的资料不足，也影响监理声誉。

（三）工作只做一次，提高了监理工作效率

监理工作行为数字化后，监理工作只做一次。一是日常工作数据通过系统处理，自动生成个人工作日志，收发文记录、项目材料进场台账、验收台账、旁站记录及台账。每日汇总所有人员工作数据，形成信息齐全的监理日志。二是建设手续、合同文件、监理规划、细则、方案审批、分部工程验收、造价审批等一次性或阶段性监理应做的工作记录、归档保存，上传到云平台，永不丢失，监理造价控制、合同和信息管理职能履行全面到位。三是通过现场巡视，可以实时利用系统传送施工进度、质量

管理，履行建设工程法定职责等信息，实现问题转发、监理通知（书面文件）、召开会议三大管理手段，方便快捷，大大提高了监理工作效率。

（四）团队协同工作，提升了项目监理机构工作效果

监理日常工作主要是单兵作战，一个人或几个人负责不同部位、不同专业的工作，只有具体的工作人员对所负责工作最清楚。监理人员工作行为数字化以后，信息汇总在系统内，所有监理人员都可以随时查看，消除了监理部内部之间工作信息的阻碍和孤岛现象。将原来监理个体利用自身信息的服务，变成利用团队信息服务。在不改变监理人员素质的情况下，实现了低水平人做中水平的事、中水平人做高水平的事，提升了项目监理机构的工作效果。

（五）调动了基层员工的积极性

监理工作行为数字化，建立了一套与监理工作行为相关的积分体系，规定了不同角色的监理人员应做的日常工作和阶段性工作标准，监理人员做工作就像玩游戏一样，获得一定的分值，提升了监理人员的工作兴趣。监理人员的优秀表现不再需要层层报告，在工作平台上大家都能看到，更有利于发现人才；形成了人员比学赶帮超、互相竞赛，管理从量变到质变，由原来总监催着大家到现场，到现在大家主动到现场的良好工作氛围，调动了基层监理员工的积极性。

（六）监理重新掌握现场信息的主导权

通过监理工作行为数字化，监理发布的信息能覆盖各施工作业面、各类施工要素，并依据信息发布监理指令。各参建管理人员可通过手机能同步了解现场各

施工作业面情况，现场同步信息的发布和处理，监理团队现场采集的信息量已超过了施工单位传递的信息量，监理工作受到业主和施工单位的"关注"，也逐步形成各方对监理现场发出信息的依赖，监理重新掌握了现场信息的主导权。

（七）带动了监理行业服务水平的提高

监理工作行为数字化推进了监理工作标准化。项目不再因总监不同而在管理上出现差异，数据信息采集、判断、发布和归集，都有一套完整的标准化内容和程序，都是依靠法律法规和优秀总监管理经验的汇集，进行的每一个监理项目都是在复制优秀管理经验，管理水平大幅提升，带动行业服务水平的提高。

（八）监理工作行为数字化是化解监理行业信任危机的有效措施

监理工作行为数字化，有效促进了监理人员履职，工作只做一次，提高了监理工作效率，完善了监理过程信息，调动了现场监理人员工作的积极性，项目监理机构协同工作，提高了监理工作水平，监理重新掌握了项目现场信息的主导权，带动了监理行业服务水平的提高。项目监理服务始终在公司和总监的有效管控之下，在信息的支撑下，获得

了业主的信任和施工单位的尊重，监理工作行为数字化是化解监理信任危机的有效措施。

（九）项目监理机构发现问题处理问题的能力有待进一步加强

虽然监理发现跟踪问题工作受到业主和施工单位的一些干扰，但监理工作行为数字化数据显示，约有50%的项目监理发现跟踪问题很少，监理作用发挥有限。各监理企业应加强监理人员培训，提升监理人员发现问题处理问题的能力，以问题为导向，提升监理工作价值。

五、人工智能时代的来临

随着科技的进步和社会的发展，建筑行业也在不断变化和发展。作为一款基于人工智能技术的语言模型，ChatGPT可以对建筑行业产生一定的影响。

首先，ChatGPT可以为建筑行业提供智能化的解决方案。现代建筑已经不再是单纯的砖石和水泥的简单堆叠，而是可以通过计算机辅助设计（CAD）软件进行建模、仿真和分析。ChatGPT可以为建筑师、设计师和工程师提供智能化的设计建议，协助设计出更加符合人类需求的建筑。

其次，ChatGPT还可以对建筑工程

的管理产生影响。在建筑施工过程中，管理是非常重要的一环。ChatGPT可以为工程管理者提供智能化的建议和意见，例如通过预测材料需求和人力资源需求等，提高施工效率和质量。

再次，ChatGPT可以为建筑行业提供更加智能化的安全措施。建筑工程中的安全是至关重要的，特别是在高风险的建筑项目中。ChatGPT可以提供智能化的安全措施，例如通过数据分析和机器学习等技术来识别风险和危险因素，提高建筑工程的安全性。

最后，ChatGPT还可以为建筑行业提供智能化的维护和保养方案。建筑物需要定期进行维护和保养，以确保其长期稳定运行。ChatGPT可以为维护人员提供智能化的维护方案，例如提供关于维修周期和维修材料等方面的建议。

随着我国建筑业的快速发展和不断提升的建设投资水平，对监理行业提出了更高的要求，先进的管理手段和技术支持也成为监理行业发展的重要驱动力，让行业在数字化转型中走在前列。

此外，随着房地产市场及法规环境的不断完善，对监理行业提出了具体要求。未来，监理行业将继续健康发展，为我国建筑行业作出更多贡献。

切实履行工程项目安全生产管理的监理职责

李 毅 孙 焘 昝世博

昆明建设咨询管理有限公司

摘 要：本文通过对监理制度在安全生产中的重要性进行论述，结合国家安全生产政策和形势的要求，介绍了监理企业在工程项目安全管理中采取的积极应对措施，做到分级管控，程序步骤明确，成果文件清晰，实时管控到位。将监理承载的安全责任做实做细，传统监理业务做精做好，监理企业能够在全过程咨询和传统监理业务员两条路上齐头并进，为建筑业安全健康发展贡献一分力量。

关键词：工程监理制度；安全管理；压实责任；履职担当

引言

我国工程监理制度建立35年来取得了许多成果，尤其是在民用房屋建筑领域，可以说是为国内房地产蓬勃发展打下了坚实的基础，为我国经济的高速发展作出了杰出贡献。随着房屋建筑安全管理要求的大幅提升，国家从立法部门、各地方政府持续发文严格管控。在这一大环境下，工程监理制度对安全管理的重要性十分突出，它能督促安全制度的建立、检查安全制度的有效执行、对现场安全及事故隐患有效排查，保障安全施工，减少人员伤亡事故的出现。监理制度对工程安全生产管理作出的重要贡献，主要体现在以下几个方面：

风险识别与控制：监理制度通过对施工现场的全面监督和检查，能够及时发现潜在的安全风险和隐患，通过评估风险的严重性，并提出相应的控制措施和建议，以确保施工过程中的安全性。

合规管理与执行：监理制度要求监理人员对施工现场的安全规章制度和标准进行监督执行，强化了施工单位对安全管理的重视，提高了合规管理水平。

安全培训与教育：监理制度要求监理人员对施工人员进行安全培训和教育，提高施工人员的安全意识和操作技能，引导施工人员遵守安全规定，减少安全事故的发生。

事故应急管理与处理：监理制度要求监理人员在发生事故或突发事件时迅速组织应急处置工作，协调施工单位、救援队伍和相关部门，指导现场人员进行安全疏散和救援工作，减少人员伤亡和财产损失。

安全记录与总结：监理制度要求监理人员对施工现场的安全情况进行详细记录和报告，这些记录可以为事故调查和工程验收提供重要的依据，同时也有助于总结经验教训，改进安全生产管理工作。

总体而言，监理制度通过监督、管理、培训和应急处理等方面的工作，提高了工程项目的安全管理水平。监理人员的专业性和独立性确保了安全管理的客观性和有效性，为工程项目安全生产提供了有力的保障。

一、政策环境分析

在党的二十大报告中，习近平总书记提出并不断强化"两个至上"理念，坚持人民至上、生命至上，统筹发展和安全，前瞻思考、全面布局、整体筹划安全生产工作；国务院安委会制定部署安全生产十五条措施，进一步强化安全生产责任落实，坚决防范遏制重特大事故；发布《住房和城乡建设部办公厅关于做好房屋市政工程安全生产治理行动巩固提升工作的通知》。各级政府主管部门也在持续发文要求强化安全管理，夯实安全生产责任。

《中华人民共和国刑法修正案（十一）》新增条文13条，修改条文34条。这次修改主要围绕维护人民群众生命安全、安全生产等领域的刑法治理和保护。其中第一百三十四条重大责任事故罪和第一百三十四条之一危险作业罪，将工程管理的安全责任提升到刑法的程度。

2021年9月1日，最新修订的《中华人民共和国安全生产法》正式施行。这部法律自2002年实施以来，分别于2009年和2014年进行了两次修改，2021年迎来了第三次修改。加大了对违法行为的惩处力度，罚款金额设置更高，对安全生产领域"屡禁不止、屡罚不改"的问题作出一系列有针对性的规定。同时，构建了安全风险分级管控和隐患排查治理双重预防机制，这也对工程监理安全管理工作作出了更高的要求。

2022年4月10日，由于一些地区和行业领域接连发生重特大事故，暴露出安全发展理念不牢固、责任落实不到位、隐患排查整治不力等突出问题。国务院安委会制定部署了《安全生产十五条措施》进一步强化安全生产责任落实，坚决防范遏制重特大事故。政府持续的发文，不断强化安全发展的理念，对工程行业事故发生率提出了更高的要求，同时也对工程监理行业安全管理不到位提出了更严的处罚。

2022年12月6日，为进一步增强房屋市政工程参建各方质量安全意识，严格落实质量安全主体责任、保障工程质量和安全，云南省住房和城乡建设厅发布了《云南省房屋市政工程建设各方主体质量安全责任清单（2022版）》，该文根据现行相关法律法规和规范性文件要求，将工程建设各方主体包括建设、勘察、设计、施工、监理和检测等应当履行的质量安全责任进行了分类整理，进一步明确了各方责任应承担的责任，也进一步加强了各方质量安全主体责任落实。

2023年2月，为认真贯彻落实党的二十大关于加强安全生产监督管理工作精神，坚持以人民安全为宗旨，牢固树立"人民至上，生命至上"，坚决杜绝重特大事故、有效防范较大事故、努力减少一般事故，结合云南省实际，制定《云南省房屋建筑和市政基础设施工程安全生产监督管理十九条整治措施》。该措施在提出云南省房屋市政工程安全目标的同时，也明确了严格落实监理单位安全生产监理责任，对监理单位履职不到位提出了应当依据相应法律法规从严从重处罚，这是对监理安全责任的进一步加强。

2020年8月20日，云南省住房和城乡建设厅印发了《云南省建筑行业企业信用综合管理办法（试行）》，该文件的发布旨在加强建筑市场事中事后监管，规范建筑市场秩序，推进房屋建筑和市政基础设施工程建设领域信用体系建设，构建"诚信激励、失信惩戒"机制。但同时也明确了信用综合评价结果与云南省建筑市场监管与诚信平台的企业库、人员库和项目库同步联动记录，并在工程招标投标、资质资格管理、评优评先、融资贷款、政策扶持等方面进行运用。该文件的发布，意味着监理企业只要因事故责任受到处罚，将直接在信用等级上进行体现，这不但关系到企业的信誉度，还直接影响了企业的招标投标活动，

一旦被处罚，将直接影响半年时间以上的企业的招标投标，这也直接决定了一家监理企业的"生死存亡"。

随着行业的进步，安全管理水平的提高，安全管理意识的加强，政策法规不断对各参建主体提出更高的要求，同时随着大数据时代信息平台的监管和发布，可以说安全管理直接关系到一家监理企业是否还能"存在"！安全管理可以说是一家监理企业管理的重中之重，每一个管理动作、每一个管理痕迹、每一个履职证据都直接关系到该企业未来的发展。

二、监理企业的积极应对措施

昆明建设咨询管理有限公司经过29年的不断发展，结合企业的自身特点，认真总结各级政府发文及管理要求，通过不断摸索和实践，形成了一套满足政策法规要求且符合企业自身发展的安全管理体系，该体系通过长期的运行和调整，管理效果较好，为开展项目安全管理的监理工作奠定了基础。

（一）安全管理组织架构

昆明建设咨询管理有限公司按照公司、部门、项目建立三级安全管理组织架构（图1）。

1. 公司级

首先策划企业的安全管理体系以及制度，并建立企业级安全管理方针以及安全管理目标。

公司质量安全委员会：对公司在监所有项目的重大安全隐患、严重质量缺陷进行跟踪和管控，对项目监理部进行专项指导，动态管控公司的质量安全重大风险。

公司生产管理部：建立公司项目动态数据库，通过公司巡视小组，策划项目巡检、专项检查、不定期飞检，实现监理全过程的安全动态管控。

2. 部门级

生产部门负责公司安全管理体系的贯彻，并对项目的执行情况进行监督。每个生产部门中均设置了分管质量安全的副经理，根据公司的管理要求，结合所在部门的项目特点进行专项的策划和落实。同时建立部门的巡视小组，在质量安全副经理的统筹下进行部门在监项目全覆盖的巡视检查。

通过企业线上系统管控，以及部门巡视小组的检查验证，达成企业质量安全分级管控的目标。

3. 项目级

项目监理部作为安全管理形成的管控执行者和公司安全管理体系得以落实的保障者，承担了项目质量安全管控的主要责任。

为避免不同的项目负责人对不同项目的理解不同，出现"千个项目、千种模式"的不利管理效果。项目负责人仅需按照企业管理制度和要求进行现场安全管理工作的开展和动态管控的运行即

可确保公司安全管理体系"不走形"。同时公司在监的每个项目，每两个月将面临一次部门的巡视检查，每个季度将面临一次公司的巡视检查，项目监理部根据部门及公司巡视检查的情况进行专项整改，不断"纠偏""抓重点"以及"强化管理思维"。

（二）安全管理逻辑

房屋建筑工程实施阶段涉及的安全事故种类繁多，原因各样，想通过一种类型或几种管理措施全面应对现场的安全风险是不现实的。公司通过多年的潜心研究和措施推行，摸索出了一套安全分级管控逻辑以应对现场错综复杂的安全风险以及积极应对各级政府行政部门不断强化的安全责任。

分级管控：近年来的房屋建筑工程，现场安全事故定性"分水岭"集中在"较大以上事故"，也就是一次性死亡3人以上的事故，此类事故对监理企业的影响是"毁灭性"的。所以公司将现场可能造成人员伤亡的事故隐患划分为两个层级进行管理：第一个层级，可能造成一次性死亡3人及以上的事故，例如较大事故、重大事故、特别重大事故，通过"危险性较大的分部分项工程管理""重大事故隐患管理"以及"重大危险源管理"来进行制度、程序履职痕迹的管理。第二个层级，可能造成一次性

死亡2人及以下的事故，例如一般事故，通过"一般隐患"专项策划及日常安全管理来进行应对（图2）。

（三）安全管理手段

1. "危大工程"管理

公司结合住房和城乡建设部下发的《危险性较大的分部分项工程安全管理规定》，形成了项目"危大工程"管理的纲领性思路，由公司生产部牵头编制和下发了企业级别的程序性文件《危险性较大分部分项工程管理控制程序》，树立了第一个理念：管理"危大工程"就是管"程序"。只要程序管理到位了，就能规避危大工程事故的发生。

公司的质量安全委员会建立《公司危险性较大分部分项工程台账》，结合《管理控制程序》中提及的核心管控点编制了要求每个项目监理部动态进行更新的《危险性较大分部分项工程台账》，公司的质量安全委员会也会在每月收集公司所有项目的《危险性较大分部分项工程台账》后进行分析和研判，识别一般危大工程和超过一定规模的危大工程，将状态"异常"的超过一定规模的危大工程进行筛选，派遣相关技术专业的专家进行技术支持和处置。

项目监理部，作为公司程序和要求的最终落实层级，管理过程中严格按照《管理控制程序》中提出的5个核心管理

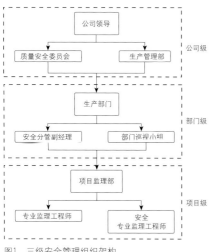

图1 三级安全管理组织架构

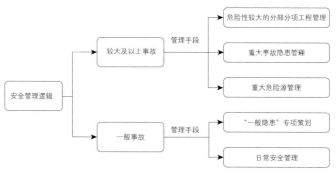

图2 分级管控示意图

环节进行项目级别的管理，分别是专项施工方案的审批、监理实施细则的编审、危大工程专项巡视检查记录及旁站、危大工程的验收、危大工程的档案管理。通过每月的项目自主梳理，以及部门和公司的巡视检查，动态地进行整改和完善，确保公司管理程序切实落实，执行到位。

2."重大危险源"的管理

公司结合上位法、涉及监理的强制性规范文件，以及近年来建设主管部门针对监理行业提出的要求，根据监理的安全责任和履职要求，形成了"安全一套表"。其中《专项检查表》是针对危大工程及重大危险源进行的专项检查，按照专业的不同，划分为20个专项检查记录表，包括安全文明、满堂脚手架、悬挑式脚手架、附着式升降脚手架、高处作业吊篮、基坑工程等表格。每个专项检查表对应现场涉及的危大工程或者重大危险源。公司在监项目，只要涉及相应的危大工程和重大危险源，项目监理部就根据项目的实施情况，定期进行一次专项检查，填写专项检查表，并结合检查情况下发监理文件，作出管理指令，履行安全管理职责。

3."重大事故隐患"的管理

2022年4月19日，住房和城乡建设部印发了《房屋市政工程生产安全重大事故隐患判定标准（2022版）》。这是公司针对一次性死亡3人以上事故管理的另一个"抓手"。结合此判定标准，公司形成了企业级的标准化流程作业指导书《房屋市政工程生产安全重大事故隐患判定作业指导书》。这本作业指导书将指导公司所有在监项目的项目监理部，应该如何识别房屋市政工程生产安全重大事故隐患，针对已识别出的事故隐患应该如何进行管理，管理流程如何进行，管理的过程资料如何形成，资料应该达到什

么标准，日常管理工作如何执行，给项目监理部形成"照章办事"的管理思路。

公司将此内容识别为管控的重点，在每月的部门巡检以及每季度的公司巡检中都会对此内容进行检查，以验证项目监理部是否将此制度落实到位，动态管控是否到位，形成的管理文件是否满足作业指导书的质量要求等。

4."一般事故"的管理

公司针对可能造成一次性死亡2人及以下的事故，例如一般事故，通过"一般隐患"专项策划及管理来进行应对。公司形成了"安全一套表"，在监项目按照表格的填写要求和填写频次进行使用，通过可控量化的管理行为和可控统计的履职资料，来体现房屋建筑工程监理单位的安全履职行为。

"安全一套表"分为二个层级，分别是：《监理工作检查表》以及《日常检查表》。

《监理工作检查表》，是项目总监理工程师针对所负责项目的管理情况，对监理工作履职情况进行检查和评价，是对项目监理部履职情况的自我检查，通过量化的检查项，梳理项目监理部的履职状态和履职效果，对项目监理工作进行分析和纠偏。该表格由项目总监理工程师填写，每月完成一次。

《日常检查表》，该表格的设计和策划是通过多年大数据的积累，以及近年来整个安全态势，结合房屋建筑工程每个阶段易发生的安全事故而形成的专项安全策划管理。根据现场实施的每个阶段对现场的"一般安全隐患"进行检查，分为基础阶段、主体阶段、装饰装修三个阶段，形成三套表格。《日常检查表》通过每日的检查和填写，对所在阶段的安全隐患进行识别，形成项目此阶段的

安全隐患清单，项目监理部根据安全隐患清单制定针对性的管理措施，根据隐患部位形成销项表，一一对应，逐一销项。从而形成对项目"一般安全隐患"的动态识别，动态管控。

结论

公司通过以上安全制度和体系的建立，形成了房屋建筑工程实施阶段监理安全管理的框架，打破了现场安全监理工作"千头万绪、没有抓手"的困境；突破了监理单位安全管理工作"无法量化、履职痕迹弱"的"痛点"。公司通过多年运行和维护此套"安全管理体系"，做到了安全管理的监理工作，职责分工明确，危险源分级管控，管控程序步骤明确，监理成果文件清晰，系统实时管控到位。

在当前的建筑业发展中，监理行业迎来巨大的变革，全过程咨询的业务获得了蓬勃发展，监理行业获得了新的动力和机会。同时，传统监理业务更要做精做好，监理承载的安全责任，更要做实做细，切实承担安全管理责任。监理企业能够实现两条道路齐头并进，为建筑业安全健康发展贡献一分力量。

参考文献

[1] 王军，郭勇，张海波. 建设工程监理单位安全管理体系研究 [J]. 安全科学与技术学报，2018，14（2）：112-118.

[2] 周超，李晓明，李勇. 建设工程监理单位安全管理模式研究 [J]. 安全科学与技术学报，2019，15（4）：76-81.

[3] 刘勇，王立平，姜丽娜. 建设工程监理单位安全文化建设研究 [J]. 安全科学与技术学报，2020，16（1）：62-68.

[4] 杨华，李志强，马海波. 建设工程监理单位安全风险控制研究 [J]. 土木工程与管理学报，2021，147（9）.

[5] 陈升，王强，张瑜. 建设工程监理单位安全管理绩效评价研究 [J]. 土木工程与管理学报，2022，28（2）：169-176.

监理在重大工程中发挥的重要作用

——地下隧道、管廊、地上公路一体化建设工程监理管控的重要作用

孙　萍

浙江建友工程咨询有限公司

根据杭州市总体规划，完善高科技数字智能化城市需求，建设便捷性、综合性、智能性交通项目是智慧城市建设的基本前提。杭州市城市建设为了改善原有城市交通拥堵现状，实现纵横交通网络连通，统筹考虑地上、地下空间的综合利用，新建设多条城市地上快速路至省道的标准道路，结合地下隧道、综合管廊、景观桥梁等工程建设可解决交通拥堵现状。对于建设这类重大工程，投资额大，参建单位较多，一般采用EPC总承包方式建设，项目要穿越的自然行政村周边车流及人流量大，环保及安全要求高，因此，建设单位对承接该类项目建设的监理单位及委派到项目部的总监理工程师及现场监理工程师提出了更高的要求，同时监理也在重要工程建设管控中发挥重要作用。

随着亚运会将在杭州召开，项目必须如期在亚运会召开前投入运营。因此，杭州市财政投入了大量的资金，确保项目顺利完成，以崭新的面貌迎接亚运会的到来，同时也为监理管控带来新的挑战，在重大工程项目及重要节点的监理工作中摸索出如何更好地解决和处理工作中的难点和重点的方法、举措，为重大项目的质量、进度、投资、安全等细节管理中发挥重要作用。

一、监理管控的重点

（一）项目施工进度的管控

对于在建的道路桥、隧道、管廊、桥梁、绿化于一体的项目，进度控制是重中之重，从张贴于墙上醒目的亚运会倒计时间表、挂图作战计划、以"向中国共产党100周年华诞"献礼及迎"亚运"为目标，可见进度控制问题不容忽视。因此，作为一个项目组的总监理工程师，首先要从计划的编制入手，组织施工单位、监理单位相关专业工程师，根据设计图纸、施工合同、标准规范等编制总进度计划，然后根据总进度计划的时间节点制定三级进度计划，在施工的不同阶段将三级进度计划进一步细化到分部分项工程或工序，编制月、周进度计划，对于工期紧迫的关键线路，有必要细化到日作业计划，每一级的进度计划都要对施工人员、进场材料进行详细的统筹安排。其次，要做好计划的跟踪、反馈工作，对比每一分部分项／工序的计划开始／完成时间、实际开始／完成时间，找出进度时间节点的偏差并分析原因，以便于采取行之有效的纠偏措施。最后，对由于各种因素产生的进度偏差过大，采取赶工措施也无法达到纠偏目的，就要对原进度计划进行升版和

完善，在保证质量及安全的前提下，采取增加人员、设备，改变施工组织逻辑关系，加快施工进度等措施完成进度计划的实施，只有这样才能确保合同工期的实现。

（二）施工过程的质量管控

施工质量控制是保证项目建成后安全运营、使用功能得以实现的根本，住房和城乡建设部工程质量安全监管司明确提出，要"严格落实各方主体责任，强化建设单位首要责任，全面落实质量终身责任制"，该规定涉及建设单位项目负责人、勘察单位项目负责人、设计单位项目负责人、施工单位项目经理、监理单位总监理工程师等五方责任主体，可见建设工程质量管控的重要性。

确保工程质量需要从三个方面入手：一是严把原材料进场检试验及使用关，作为监理工程师要认真抽查进场的钢材、商品混凝土、防水材料、水泥、木材、装饰装修材料、机电产品等原材料的质保单、出厂合格证明及出厂检试验报告等，同时要及时督促专业监理工程师进行见证取样检测、平行检测，检测合格后方可允许施工单位用于工程施工。二是严把施工各道工序质量关，监理工程师要做到每一道工序在施工单位自检合格的基础上进行验收，上道工序

验收合格后方能进行下道工序的施工，从而确保分部分项工程、单位工程、单项工程的质量，对于关键工序即便已经隐蔽，若对质量不能准确无误地确认，可随时进行隐蔽工程的查验。在关键工序控制上监理现场旁站，留存影像，记录，确保把好质量关，与设计图纸和规范不符要立即现场指出并改进。三是严把验收关，监理工程师要及时进行检验批、分部分项工程的验收，验收合格并在验收资料上签审后，方可允许施工单位隐蔽；总监理工程师要组织分部工程、单位工程的质量验收及单项工程的预验收工作，查验现场施工质量、工序资料、检试验报告等，确认合格后方可同意施工单位上报建设单位组织项目参与方进行单项工程的最终验收，真正环环相扣、层层把关，确保工程质量满足设计图纸、标准规范、通用图集等的要求。

（三）安全文明施工管控

由于该项目穿越自然行政村，因此现场的安全文明施工管理必须细致到位，否则对居民的正常生活影响大、居民投诉频率高，若整改不到位将停止施工，严重制约工程进度。因此，在项目管理中，要坚持做到以下管控措施。

首先，要求施工单位在现场主出入口两侧的醒目位置悬挂施工铭牌、民工维权告示牌、建筑渣土处置责任公示牌、建筑工地扬尘污染防治承诺公示牌、安全文明施工告示牌等图牌；要求施工单位对施工现场采用满足强度要求的硬质材料进行连续封闭，设置喷淋装置，大门设置与围挡紧密相连，保持清洁美观；车辆通行大门应设置冲洗设备，建立完整排水系统，排水槽一侧应设置符合要求的三级沉淀池，用于日常车辆冲洗，并由专人负责，做好冲洗台账；施

工现场临时道路做好硬化处理，配备专职保洁员负责道路的冲洗、清扫、保洁工作；在建项目根据要求设置扬尘在线监测系统，安装点位正确，落实专人真实有效的收集监测数据；建筑工地施工区域内的裸露地面，必须采取临时绿化、网、膜覆盖等措施，防止扬尘；施工现场布局合理有序，堆放的各类建材物资应分别按规定的区域或位置实施分类堆放，并按规定设置相应的物品标志牌；对路基使用的灰土拌灰时采取封闭式拌灰棚全封闭拌灰等防尘措施，真正按市政府要求的"8个100%"和"控尘十条"作业。

其次，总监理工程师要带领项目组专业工程师定期开展安全文明施工日检查、周检查、节假日检查、重点检查等工作，对检查中发现的隐患要定人、定时间、定措施进行整改，及时将安全隐患消灭在萌芽状态。

最后，对现场发生的安全事故或周围居民的投诉案件，施工单位要根据已编制审批的应急预案予以落实，并本着安全生产"四不放过"的原则进行处理，对周围居民的投诉处理后及时上报建设单位予以销案，监理单位要共同配合施工单位努力打造安全文明施工现场。

（四）建设项目的费用控制

由于道路、隧道、管廊、绿化施工过程中不确定因素较多，因此施工过程中将存在设计变更、现场签证、计日工、暂估价事宜，甚至会出现超过批准的概、预算，需要进一步调概的情况，作为总监理工程师积极配合建设单位、施工等单位更好地对费用进行控制尤为重要。

首先，成立项目监理部后，总监理工程师要组织相关专业工程师对本项目的隧道工程、管廊工程、道路工程、排

水工程、桥梁工程的图纸工程量、招标投标清单工程量、现场实际工程量进行梳理，做到心中有数。其次，项目监理人员要根据合同中关于进度款的支付要求、施工进度完成情况等要求每月对施工单位上报的进度款进行严格审核；对施工过程中发生的现场签证、设计变更、工程索赔事件等要求施工单位做好现场工程量计量，监理工程师要及时复测计量结果并签审，收集变更前后的现场影像资料作为变更或索赔的依据；总监理工程师对现场存在的明、暗浜处理，地下障碍物，增加的工程量等各种变更和索赔要确保工程量的准确性，变更的真实性、时效性。最后，若施工中产生的设计变更、签证等超过了设计概算的要求，总监理工程师要配合建设单位、施工单位进行费用的报备、调概等系列工作，真正发挥监理的管控作用。

二、监理管控的难点

（一）与项目各相关方的沟通、协调工作

该工程的施工涉及与项目有关的各部门之间的协调量十分大，因此，在施工的准备阶段，项目监理部要认真识图，踏勘施工区域内的原有管线、窨井等地上地下构筑物及设施；关注施工图交底会上对原有地下管线的交底情况，认真排查管线走向、标高，尤其是道路交叉口、居住区及单位周边施工前对地下管线进行再次确认，并督促施工单位开挖沟槽前先进行人工试挖，确定无地下管线及其他障碍物时再使用挖掘机挖槽；施工前对架空管线要做好搬迁或改线工作，在确保安全的情况下再进行施工。对于该工程来说，主要涉及原有电力管

线、弱电管线、水务局、交通管理、村委会等部门的沟通协调，其协调量大、审批流程流转较慢，成了制约合同工期实现的关键因素。

（二）对关键线路的进度控制

在该项目中，隧道、管廊、桥梁的施工往往工序较复杂、周期较长，成为项目的关键线路，因施工区域内存在原有架空的电力、弱电管线，钻机施工时安全隐患很大，因此，施工前原有的电力、弱电管线需搬迁完成后方可进行钻孔灌注桩的施工。这就需要配合建设单位与电力公司现场负责人员多次踏勘现场、拟定搬迁方案，一旦搬迁方案确定后，后续的停电计划、方案签审流程流转事宜，常常周期较长，造成围护结构施工滞后，进而影响合同工期的实现。因而，作为一名有经验的总监理工程师来说，在项目的施工组织上、进度计划控制上要做好事前的控制和部署，防止关键线路进度滞后，一旦出现滞后，要及时调整施工工序、采取合理的赶工措施，确保合同工期。

（三）对重要部位、重要工序的质量管控

对于道路、隧道、管廊建设工程来说，围护结构、排降水、土方运输、大体积混凝土浇筑、防水、路基回填、水稳层施工、沥青面层等工序的质量控制十分重要。因此，项目监理部必须要求施工单位编制切实可行的施工专项方案，并要求施工单位严格按专项方案施工，在施工过程中监理工程师需采取旁站、巡视、平行检验等手段对重要部位、重要工序做好质量控制，且严格按照设计图纸、标准规范进行质量验收，从而确保重要部位、重要工序的施工质量。

（四）对现场各种突发事件的处理

一个项目的实施，虽然建设单位、设计单位、监理单位、施工单位等参与方施工前的准备工作到位、施工过程监管严格，但在施工中难免出现原有管线被挖坏造成停水、停电，为抢工期夜间施工扰民被投诉等事件，这就需要项目监理人员加强对施工单位的安全文明施工管理、检查施工单位施工方案、设计图纸执行情况，对于突发事件，总监工程师要做好配合、协调、处理工作，尽量减少事件的影响，减轻损失，发挥监理协调以及处理能力方面的作用。

如深基坑施工中突发管涌，引发基坑塌陷的风险时，总监及监理部人员要第一时间参与现场的应急处理，后组织勘查单位、监测单位、施工单位技术负责人、项目经理、作业班组等各级人员参加质量专题会，可邀请相关专家参与会议，对发生的涌水质量问题进行分析，拿出具体整改方案，对方案的可行性、有效性进行审核，提出监理实质性技术支持和建议，最终确定最经济、有效的整改方案，发挥监理专业技术能力和优势。

如高空作业未采取有效安全措施，存在高处坠落的风险时，监理要立即要求施工人员停止作业，再以补发监理通知单的形式，对安全隐患进行有效处理。监理对质量事故及安全隐患早发现、早制止，起到侦察兵的作用。

城市地上公路，地下隧道、管廊、景观绿化桥梁一体重要工程的建设，缓解了城市交通拥堵、方便了市民出行、美化了市容市貌，促进了城市健康可持续发展。因此，监理单位作为项目的参与方发挥了很好地处理安全、质量、进度、投资各方面对立又统一的关系的作用，抓住项目管控中的重点和难点，切实履行好监理人的职责、知识、智慧和能力，确保项目如期顺利建成，为实现项目的既定目标发挥监理不可替代的重要作用。

监理企业适应市场发展的经验与思考

胡 涛

贵州省建筑设计研究院有限责任公司

当前，企业要适应市场的需求，向全过程咨询高质量转型升级发展，从笔者所在的贵州省建筑设计研究院这种拥有 70 多年历史的大二型国有企业（现已改制为混合所有制企业）向全过程咨询服务转型升级来看都不容乐观，像监理行业这种单一类型的中、小型企业要实现高质量转型升级发展，碰到的问题会更多。本文结合设计院近三十多年的业务拓展情况，着重论述笔者对监理企业为适应市场发展需要该怎么转型的一些思考。

一、研究院三十多年的业务拓展历史

贵州省建筑设计研究院以设计为主业，辅之以勘察、造价控制、招标投标、监理、项目管理乃至工程总承包等，有天然的优势，为适应市场发展需求而转型升级拓展业务，研究院不需要往上、下游采取联合经营、并购重组等方式去组建一支具有多项资质的企业，比其他单一业务的监理公司能更快地向全过程咨询方向拓展业务。近三十多年来，研究院以设计为主业并向上、下游拓展了以下相关业务。

（一）工程总承包：20 世纪 80 年代，研究院响应建设部提出以设计为龙头的工程总承包模式，开始对项目进行成本管理探究，并经历了探索、试点、推广三个阶段。这段时期，研究院利用自身的优势开始涉足以设计为龙头的工程总承包业务，承接的总承包项目虽不多，但各有特色。其中有体量较大的贵州省体育馆工程，有对防火安全要求非常高的贵定卷烟厂主厂房及配套项目，有对工期有特别要求的茅台酒厂体育馆工程等项目，直到 1995 年左右，因市场原因，总承包业务逐渐萎缩而停止。

（二）工程监理：1988 年 7 月 25 日建设部发布了《关于开展建设监理工作的通知》，并于 1988 年 11 月 12 日制定了《关于开展建设监理试点工作的若干意见》。贵州省建院随即派出人员参加重庆建筑大学举办的监理工程师培训班。随着总承包业务的萎缩，设计院将从事工程总承包的人员整体转岗成立监理公司，以适应大形势的需求，开展监理业务。自 1997 年正式成立监理公司，至今正常运转，但根据当前的形势监理也面临转型升级。

（三）项目管理：建设部于 2003 年 2 月 13 日颁布了《关于培育发展工程总承包和工程项目管理企业的指导意见》，国务院发布了《关于投资体制改革的决定》，在建设项目中选择专业项目管理公司对工程项目全过程进行合同化、专业化的技术咨询和管理，以实现建设项目的各项控制目标。在此背景下，研究院于 2007 年成立项目管理公司。公司运营一段时期后，由于收费低、要求高、跨度大、工期长，导致项目管理收费入不敷出，于 2012 年与监理公司合并组建工程咨询中心。所承接的项目大多因种种原因，项目管理的费用至今无法结算。

（四）全过程咨询：2017 年《关于促进建筑业持续健康发展的意见》提出"鼓励工程监理等咨询类企业采取联合经营、并购重组等方式发展全过程工程咨询"。研究院于 2019 年将工程咨询中心改建为工程咨询公司，以发展全过程咨询业务为主。由于相关文件允许全过程咨询项目可由建设单位在项目筹划阶段选择具有相应工程勘察、设计或监理资质的企业开展全过程工程咨询服务，可不再另行委托勘察、设计或监理。这就为设计院承接全过程咨询项目带来了机会，因为贵州省同时具有多项资质的单位不多。自 2017 年开展全过程咨询业务以来，研究院虽多方努力拓展，但至今收效甚微，承接到真正意义上的全过程咨询项目只有一个。

（五）工程总承包：国务院办公厅印发《关于促进建筑业持续健康发展的意见》（国办发〔2017〕19 号）精神，加快推行工程总承包，按照工程总承包负总责的原则，落实工程总承包单位在工程质量安全、进度控制、成本管理等方面的责任。研究院于 2020 年成立了工程总承包公司，承接了贵州省美术馆（1.4 亿元）、贵州饭店五星级贵宾楼装修（4 亿元）、贵州医科大学（60 亿元）、贵州轻工职业技术学院（25 亿元）等项目，这些项目的建成效果有待时间检验。

（六）施工：2021 年，由于监理市场上的种种原因，监理团队承接了设计院第一个总投资 2000 万元的一个学校施工项目，由于项目优质，顺利竣工，但因施工经验不足，利润甚微。监理行业与施工行业在专业性上还是有一定的距离，不是人人都能做好施工的。

因此，三十多年来，在国家政策发布时，研究院都能紧紧跟上，积极响应，但在实施过程中，不是每一个跟进都能取得效果。其中项目管理就是研究院的一个痛点，所承接的大部分项目管理项目均因种种原因没有善始善终。因此设计院的上下游业务拓展不是每一次都能成功，像研究院利用自身的优势在不断拓展中也只有监理能正常运转到现在，至于后期开展的工程总承包还需要时间的检验。

二、监理公司转型的方向

通过研究院三十多年来转型拓展业务的实践，笔者认为就监理企业而言，最适合转型升级发展的只有全过程咨询，资质单一的监理企业只有通过联合经营、并购重组等方式去组建一支具有多项资质的企业，是监理企业下一步转型升级发展的方向。

熟悉全过程咨询业务的同仁都知道，国家将项目前期咨询、项目管理、造价控制、监理、设计等业务交由一家单位来实施，其目的是利用项目管理作为牵头方，将前期咨询、监理、设计、造价控制等统筹起来，即"1+N"，做到资源共享，避免因参建各方都是独立的主体，各自为政，效率低，重复劳动，各单位的成果没有高效地为项目服务。上述讲的这个"1"就是项目管理，"N"就是前期咨询、招标投标、造价控制、监理、勘察、设计等内容中的 1 个或多个，利用项目管理作为抓手，统筹其他业务。研究院从事的全过程咨询项目的组成中，除了有一个项目所签合同是全过程咨询合同外，还有以下几种类型：

1. 项目管理 + 设计 + 全过程造价控制 + 监理；

2. 项目管理 + 全过程造价控制；

3. 全过程造价控制 + 监理；

4. 项目管理 + 监理。

上述四种类型有一个共同特点，即每项业务都是单独签订合同，都是在一个合同执行完或到一定的时候才开始签第二个乃至第 N 个合同。而研究院实施的全过程咨询或项目管理 + 监理，实际上各阶段业务合同之间并没有联系，没有达到国家相关政策希望达到的效果。以下几个方面值得探讨。

（一）主管部门和业主的立场问题

全过程咨询是否被采纳，其中很大的原因在于建设行政主管部门和业主的立场，作为具体实施者的业主手上有项目时，将可以实施全过程咨询的项目分成若干独立项目（如项目管理、招标投标、设计、全过程造价控制、监理等），一一分别进行招标，以照顾不同的关系。

（二）被管理者所接受的问题

全过程咨询服务项目普遍最少为二项至三项，受政府业主的委托，有着"二甲方"的称号，管理控制的目标除了施工单位之外，还包括不在全过程咨询范围内的设计、勘察、造价控制等单位。上述这些参建方往往在实施过程中对全过程咨询方式不是都能完全接受。

（三）在法律中所处的位置问题

全过程工程咨询在目前法律、法规上没有明确的依据。无法律地位的全过程咨询有些尴尬，与以前的项目管理不是五方责任主体一样，在工程实施中可有可无，这样的地位使全过程咨询在当下很难成为一个独立的行业。

（四）服务报酬的计算问题

全过程咨询服务包含勘察、设计、招标、监理、造价等，原来都有明确的收费标准，虽然大部分已经放开，但均有据可循。而当前全过程咨询的收费方式，部分业主不能接受。还有资金的列支问题，当前项目各种费用的列支通常是在可行性研究中计算并列支。根据相关文件的要求，全过程咨询的费用应该在工程建设其他费用之内，但是目前实施的项目在工程建设其他费用中都没有全过程咨询这一科目，影响到该费用的合法计取。

（五）服务成效问题

为了做好全过程咨询服务工作，实现其咨询服务价值是业主一直所关心的问题，同时也是全过程咨询服务得到社会的认可并且持续发展的关键，但至今对全过程咨询服务的效果评价没有一个标准来衡量。

三、遇到的问题、处理方法和建议

（一）国家层面。党的十九大首次提出高质量发展理念，表明中国经济由高速增长阶段转向高质量发展阶段。《质量强国建设纲要》中，把质量强国提升为一项国家战略，表明了国家推动经济社会高质量发展的决心和部署，以高质量发展为目标，统筹各行各业的发展目标。为此监理行业必须适应这一宏观层面的变化，抓紧转型，迎头赶上。

（二）市场层面。2022年，《中共中央、国务院关于加快建设全国统一大市场的意见》发布，提出加快建设高效规范、公平竞争、充分开放的全国统一大市场，为打造良好市场营商环境提供了政策保障。在全国统一大市场的趋势下，将破除地方保护和区域壁垒，这对企业自身建设也提出了更高的要求。监理企业只有不断提升核心竞争力，才不会在市场竞争中被淘汰。一系列促进工程监理企业转型升级拓展业务的政策，表明国家对工程监理行业的重视，指明了监理行业转型升级发展的方向，为监理行业发展注入了新活力，同时监理行业也迎来了机遇与挑战并存的时代。

（三）区域层面。贵州省因区位的差异，全过程咨询服务的开展不是很理想，总是有点雷声大、雨点小的感觉。政府及部分业主认为全过程咨询服务是好的，但到项目具体落地时，就不了了之，导致贵州省范围内，能以全过程咨询（包括"1+N"）这一形式实际运转的项目寥寥无几，加之受贵州宏观经济形势的影响，当前已渐渐趋于消失的状况。因此，建议从项目源头开始，在立项阶段就将实施全过程咨询服务的要求明确下来，这样才会在后期具体实施时有据可循。

（四）行业（监理自身）层面。在当前高质量发展形势下，为了更好地抓住发展机遇，建议各地建设行政主管部门从政策上引导和鼓励监理企业做强做优做大，通过上下游的联合经营、并购重组，具备做全过程咨询服务的基本架构，在自身强的基础上，促进各方尤其是监理企业完成高质量转型升级发展。

综上所述，笔者认为从研究院发展的历史及各方反映的情况来看，有能力从事监理行业的最好还是以监理为主，否则，会事与愿违，得不偿失；当监理行业对本企业确实无法支撑的时候，再考虑通过上下游联合经营、并购重组等方式，向全过程咨询领域拓展。

工程监理企业的转型与升级：突破与创新的路径

宋 鹏

浙江建友工程咨询有限公司

工程监理在我国的起源可以追溯到20世纪80年代的改革开放初期。在此之前，工程建设主要依靠国家的行政力量进行管理和监督。然而，随着市场经济的发展和工程建设领域的复杂性日益增加，传统的管理模式已经无法满足新的需求。于是，工程监理这一新的角色应运而生，它在工程建设过程中起到了重要的桥梁和纽带作用。

初始阶段的工程监理企业主要承担着监督和检查的职责，以确保工程质量和安全。然而，随着时间的推移，工程监理的职责和角色逐渐发生了变化。从单一的工程质量和安全监督，转变为提供更加全面和专业的服务，包括项目管理、全过程咨询、技术服务等。

这种转变的背后，既有市场需求的推动，也有政策环境的引导。一方面，随着工程建设项目的规模和复杂性不断增加，客户对于专业服务的需求也在不断增长。另一方面，政府也在通过法规和政策，推动工程监理企业提升服务水平和能力，以满足社会和经济发展的需求。尽管面临着各种挑战，但许多工程监理企业都能够成功地进行转型和升级。他们通过引入新的技术、改进管理方法、创新业务模式，以及培养专业人才等方式，不断提升自身的竞争力。这些企业的成功经验，为其他企业提供了宝贵的借鉴和启示。

总的来说，工程监理企业的历史发展和转型，是一个适应和引领市场需求、不断创新和进步的过程。这个过程不仅见证了我国工程监理行业的成长和繁荣，也为其他行业提供了转型和升级的参考。

当前，我国的工程监理企业已经形成了比较完善的市场体系，企业数量和规模也在不断扩大。在服务内容上，工程监理企业已经从最初的工程质量和安全监督，扩展到了项目管理、全过程咨询、技术服务等多个领域。在业务模式上，工程监理企业也在不断探索和创新，比如，开展跨区域、跨行业的业务，提供定制化、一站式的服务等。在技术应用上，许多工程监理企业也在积极引入新的技术，如BIM（建筑信息模型）、AI（人工智能）、大数据等，以提高服务效率和质量。

然而，尽管工程监理企业取得了显著的进步，但也面临着许多挑战。首先，随着市场竞争的加剧，如何在众多的工程监理企业中脱颖而出，成了一个重要的问题。其次，由于工程监理企业的服务内容和形式在不断扩展和变化，如何提供满足客户需求的高质量服务，也是一个严峻的挑战。此外，工程监理企业也需要面对技术更新快速、人才短缺等问题。

这些挑战既是工程监理企业发展的阻力，也是促使其进行转型与升级的动力。只有积极面对和迎接这些挑战，工程监理企业才能在激烈的市场竞争中立于不败之地，为社会和经济的发展作出更大的贡献。

随着科技的快速发展，工程监理企业有许多使用新技术来提高服务质量和效率的可能性。例如，BIM可以提供更详细和准确的工程信息，帮助工程监理企业提高决策的准确性和效率。AI和大数据技术可以用于预测工程风险，优化资源配置，提高工程管理的精确性。而物联网（IoT）和无人机等技术可以用于实时监控工程进度和安全状况，提高工程监理的实时性和有效性。

在管理方面，工程监理企业可以尝试使用更灵活和高效的管理模式，如项目管理、精益管理、敏捷管理等，以提高工作效率和质量。此外，工程监理企业还可以通过培训和教育，提升员工的专业技能和素质，增强企业的核心竞争力。

在业务模式方面，工程监理企业有很大的创新空间。例如，企业可以提供更加个性化和全面的服务，以满足客户的多元化需求；也可以通过跨区域、跨行业的合作，扩大服务范围和市场份额。此外，企业还可以利用数字化和网络化的优势，提供在线咨询、远程监理等新型服务，以提高服务的效率。

总的来说，工程监理企业在技术、管理、业务模式等方面都有很大的创新可能性。只有通过不断的创新，工程监理企业才能保持竞争优势，适应和引领行业的发展。

一、对于创新路径的总结和提炼

创新是工程监理企业转型与升级的关键路径，可以从以下几个方面进行总结和提炼。

（一）技术创新：工程监理企业应积极引入新技术，如BIM、AI、IoT等，以提高服务质量和效率。这些技术可以用于数据分析、预测风险、实时监控等，帮助企业做出更准确的决策，优化资源配置，并提供更智能化、精细化的服务。

（二）管理创新：工程监理企业应采用灵活高效的管理模式，如项目管理、精益管理、敏捷管理等，以提高工作效率和质量。培训和教育也很关键，通过提升员工的专业技能和素质，提升企业的核心竞争力。

（三）业务模式创新：工程监理企业可以通过提供个性化、全面化的服务来满足客户需求，以及跨区域、跨行业的合作来扩大市场份额。数字化和网络化的优势可以用于提供在线咨询、远程监理等新型服务，增强服务的便利性和效率。

（四）创新文化与人才培养：创新需要企业营造积极的创新文化，鼓励员工提出新想法、尝试新方法，并提供良好的创新环境。同时，培养具有创新意识和能力的人才也至关重要，通过持续的培训和开发，提升员工的创新能力和专业素养。

总的来说，工程监理企业的创新路径包括技术创新、管理创新、业务模式创新和创新文化与人才培养。通过在这些方面进行创新，工程监理企业能够不断提升服务质量、拓展市场份额，并为行业的发展作出更大的贡献。创新是工程监理企业转型与升级的关键路径，也是实现可持续发展的重要驱动力。

二、工程监理企业面临的机遇和挑战

（一）数字化转型：工程监理企业将进一步推进数字化转型，利用先进的信息技术和数字化工具，实现工程数据的集成、分析和应用。BIM等技术将在工程监理中得到更广泛的应用，实现更高效、精确的项目管理和决策支持。

（二）数据驱动决策：随着大数据技术的不断发展，工程监理企业将更加注重数据的收集、分析和利用，以实现数据驱动的决策。通过对工程数据的深度分析，企业可以准确评估工程风险、提高质量控制、优化资源配置，进一步提升服务质量和效率。

（三）跨界合作与整合：工程监理企业将与其他相关行业进行更紧密的合作，实现资源共享和优势互补。与建筑设计、施工企业、技术咨询机构等的合作将更加紧密，形成全产业链的整合，提供更一体化的服务。

（四）智能化监理：随着IoT、AI和传感器技术的发展，工程监理将更加智能化和自动化。通过实时监测、远程监控和预警系统，工程监理企业能够及时发现问题和风险，并采取相应的措施，提高工程监理的实时性和准确性。

（五）国际化发展：随着我国企业参与海外工程项目数量的增加，工程监理企业将面临更多的国际化机遇和挑战。工程监理企业需要适应不同国家和地区的法规标准，了解当地市场需求和文化背景，并提供具有国际竞争力的服务。

（六）可持续发展：在全球可持续发展的大背景下，工程监理企业将更加关注环境保护、节能减排等方面的要求。企业将积极推动绿色建筑和可持续发展理念，为社会和环境作出积极贡献。

总的来说，未来工程监理企业的发展将更加数字化、智能化和国际化。创新技术的应用、数据驱动的决策、跨界合作、智能化监理和可持续发展将是工程监理企业发展的重要趋势和模式。企业需要积极适应这些趋势，不断提升自身的能力和竞争力，以应对未来的挑战和机遇。

对于工程监理企业如何应对未来机遇和挑战的建议：

1. 投资科技创新：工程监理企业应积极投资研发和应用新技术，如BIM、AI、大数据分析等。这些技术能够提升工程监理的效率和准确性，为企业创造竞争优势。

2. 培养多元化人才：未来工程监理企业需要具有多领域的专业人才。除了工程技术人员外，还应招聘项目管理、数据分析、创新设计等方面的人才，以适应多元化的服务需求。

3. 跨界合作与联合体模式：面对复杂的工程项目和市场需求，工程监理企业应与建筑设计、施工企业等相关行业进行紧密合作，形成联合体模式，共同提供综合服务。跨界合作有助于整合资源、提高专业能力，并创造更多的商业机会。

4. 强化项目管理能力：工程监理企

业应加强项目管理能力，包括项目计划、进度控制、风险管理等。通过科学的项目管理，能够提高项目交付的质量和效率，增强客户的信任和满意度。

5.着眼国际市场：随着"一带一路"倡议的推进和海外工程项目数量的增加，工程监理企业应积极拓展国际市场。了解目标市场的法规标准、文化差异和市场需求，提供符合国际标准的专业服务，以获得更广阔的发展空间。

6.关注可持续发展：工程监理企业应重视环境保护和可持续发展，在工程设计和监理中积极推动绿色建筑和节能减排。关注可持续发展不仅符合社会责任，还能提升企业形象和市场竞争力。

7.不断学习和创新：工程监理企业应鼓励员工进行持续学习和创新。通过培训、研讨会和知识分享，提升员工的专业素养和创新能力，以适应快速变化的行业需求。

综上所述，工程监理企业应积极应对未来机遇和挑战，投资科技创新、培养多元化人才、跨界合作、强化项目管理能力、拓展国际市场、关注可持续发展，并鼓励员工持续学习和创新。通过这些举措，工程监理企业能够不断提升服务质量、开拓市场，并保持在行业中的竞争优势。

东方电气（广州）重型机器有限公司
（"詹天佑奖"）

北京新机场停车楼、综合服务楼

中国建设监理协会机械分会
机械监理

北京通州运河核心区能源中心

铜川照金红色旅游名镇（文化遗址保护）

博地世纪中心

郑州市下穿中州大道隧道工程

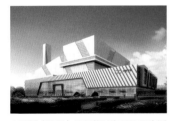
中节能（临沂）环保能源有限公司生活
垃圾、污泥焚烧综合提升改扩建

中国驻美国大使馆新馆
（项目管理＋工程监理）

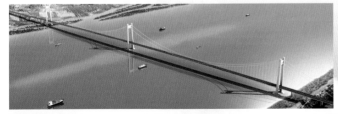
马鞍山长江公路大桥右汊斜拉桥及引桥

上汽宁德乘用车宁德基地

锐意进取　开拓创新

伴随中国改革开放和经济高速发展，建设监理制度已经走过了30多年历程。

30多年来，建设工程监理在基础设施和建筑工程建设中发挥了重要作用，从南水北调到西气东输，从工业工程到公共建筑，监理企业已经成为工程建设各方主体中不可或缺的主力军，为中国工程建设保驾护航。工程监理制度给中国改革开放、经济发展注入了活力，促进了工程建设的大发展，有力地保障了工程建设各目标的实现，推动了中国工程建设管理水平的不断提升，造就了一大批优秀监理人才和监理企业。

中国建设监理协会机械分会，会员单位均为国有企业，具有雄厚的实力、坚实的监理队伍、现代化的企业管理水平。会员单位均具有甲级及以上监理资质，综合资质占30%左右，承担了中国从机械到电子信息行业多数国家重点工程建设监理工作，如新型平板显示器件、半导体、汽车工业、北京新机场、大型国际医院等工程，取得多项国家优质工程奖、"鲁班奖""詹天佑奖"等荣誉奖。

机械分会在中国建设监理协会的指导下，发挥桥梁纽带作用，组织、联络会员单位，参加行业相关活动，开展行业标准制定和相关课题研究，其中包括项目管理模式改革、全过程工程咨询、工程监理制度建设等，为政府政策制定建言献策。

砥砺奋进30多年，中国特色社会主义建设已经进入新时代，我们要把握新时代发展的特点，紧紧围绕行业改革发展大局，认真贯彻落实党的二十大精神，扎实开展各项工作，推动行业健康有序发展，不断提升会员单位的工程项目管理水平，为中国工程建设贡献力量。

1. 北京华兴建设监理咨询有限公司：东方电气（广州）重型机器有限公司建设项目。

2. 北京希达建设监理有限责任公司：北京新机场停车楼、综合服务楼项目。

3. 北京兴电国际工程管理有限公司：北京通州运河核心区能源中心。

4. 陕西华建工程监理有限责任公司：铜川照金红色旅游名镇。

5. 浙江信安工程咨询有限公司：博地世纪中心项目。

6. 郑州中兴工程监理有限公司：郑州市下穿中州大道隧道工程。

7. 西安四方建设监理有限公司：中节能（临沂）环保能源有限公司生活垃圾、污泥焚烧综合提升改扩建项目。

8. 京兴国际工程管理有限公司：中国驻美国大使馆新馆项目（项目管理＋工程监理）。

9. 合肥工大建设监理有限责任公司：马鞍山长江公路大桥右汊斜拉桥及引桥项目。

10. 中汽智达（洛阳）建设监理有限公司：上汽宁德乘用车宁德基地项目。

（本页信息由中国建设监理协会机械分会提供）

上海市建设工程咨询行业协会

上海市建设工程咨询行业协会（Shanghai Construction Consultants Association，简称SCCA）成立于2004年3月，是由上海市从事建设工程监理、工程造价、工程招标代理、工程项目管理、工程咨询以及全过程工程咨询服务等与建设工程相关的咨询服务企业以及其他相关经济组织自愿组成的，实行行业服务和自律管理的行业性、非营利性的社会团体，也是全国首家集工程监理、工程造价和工程招标代理于一体的建设工程咨询行业协会。

协会业务范围涵盖行业调研、数据统计、信息发布、行业培训、课题研究、技术咨询、能力评价、标准制定、编辑出版、合作交流、承接政府委托服务项目等。

协会自成立以来，始终在规范行业发展、加强行业服务和推进行业交流方面发挥着积极的作用。目前协会拥有会员单位459家，其中包括监理资质企业200余家、造价咨询资质企业170余家、招标代理资质企业160余家。协会下设项目管理委员会、监理专业委员会、造价专业委员会、招标代理专业委员会、专家委员会、自律委员会、信息化委员会、行业发展委员会、法律事务委员会等，以发挥沟通、协调、自律、服务职能为中心，以提高行业综合实力为目标，积极开展促进行业发展的各项工作。

协会创办了《上海建设工程咨询》月，建立了上海建设工程咨询网和微信公众号，以行业发展战略为指导，贯彻执行国家有关工程建设领域的各项政策，为增强会员企业的市场竞争力，保障行业健康有序的发展，促进上海市乃至全国的建设工程咨询行业的发展提供优质服务。

协会组建了上海市建设工程咨询行业协会青年从业者联谊会，加强行业内青年从业人员之间的交流，提升青年从业人员在行业和协会发展中的参与度，吸引更多优秀的青年人才加入。

与此同时，协会还自主研发了"SCCA在线教育中心"平台，在为不同人群提供各类建设领域线上政策解读、专业讲座的同时，也为从业人员提供各类建设工程咨询行业线上职业培训、继续教育。在线教育模式的推广，促进了协会信息化管理水平的逐步提升，在服务企业、支持政府等方面提升了数字化服务输出能力，为加快构建现代化职业教育体系，建设行业专业化人才队伍，实现人才和企业、市场与政府的多赢发挥了重要作用。

受有关建设行政管理部门的委托，近10年来，协会每年开展上海地区建设工程监理、造价咨询、招标代理年度统计调查工作，并组织团队对相关数据进行汇总、分析，不仅有助于了解和掌握行业企业每年度业务发展状况，也为行业发展、政策研究、制度改革等提供了科学的参考依据。

近年来，协会还承接了上海市住房和城乡建设委直属单位工程系列职称项目管理学科组的评审工作，今年增加了工程管理、项目管理两个学科组，专业囊括工程监理、工程造价、招标代理、工程咨询、项目管理、质量、安全等。协会在推进职称评审工作持续有效开展的同时，积极推动行业人才队伍的建设。

今后，协会将不断发挥自身优势，认真贯彻党的各项政策方针，积极构建平台，整合资源，与广大会员单位携手同心，致力于为城市建设提供优质的工程咨询管理服务，为促进工程项目建设水平和综合效益不断提高而努力。

全国二级造价工程师职业资格考试辅导教材

地　址：上海市虹口区中山北一路121号B2栋3001室
邮　编：200083
电　话：86-21-63456171
传　真：86-21-63456172

（本页信息由上海市建设工程咨询行业协会提供）

上海建设工程咨询大讲坛

监理企业发展全过程工程咨询服务交流座谈会

学习沙龙

中国建设监理协会委托"防范工程风险提升工程监理质量安全保障作用机制研究""工程监理企业安全过程工程咨询服务指南""施工阶段项目管理服务标准"等课题研究

行业党建

协会青年从业者联谊活动

上海市建设工程咨询行业新年音乐会

上海市建设工程咨询行业城市定向户外挑战赛

《建设工程项目管理服务大纲和指南（2018版）》　《上海建设工程项目管理案例汇编（2018版）》　《建设工程监理施工安全监督规程》DG/TJ 08—2035—2014

《上海市建筑业行业发展报告》系列丛书

年度示范监理项目部成果汇编

中国铁道工程建设协会

2023 年第一期铁路总监理工程师业务培训

世界首条环沙漠铁路——新建和若铁路

京雄城际铁路雄安高铁站

党员活动日剪影

建设中的郑州南站

强国有我——永远的开路先锋

浩吉铁路

银西高铁渭河大桥

中国铁道工程建设协会（China Association Of Railway Engneering Construction，简称 CAREC）是原铁道部批准、民政部登记注册的全国性社会团体。

中国铁道工程建设协会是在民政部注册登记具有独立法人地位的非营利全国性社会组织，党的关系归属中央和国家机关行业协会商会党委管理。

协会设有建设监理专业委员会、国际合作专业委员会、勘察设计咨询专业委员会和教育培训与科研工作委员会四个分支机构，拥有勘察设计、建筑施工、工程监理、技术咨询、建设单位，以及相关科研院校等团体会员近 300 家。

建设监理专业委员会是中国铁道工程建设协会的分支机构，成立于2003 年，始终坚持党的路线方针政策，通过行业管理、信息交流、业务培训、咨询服务、评先评优、标准制定等形式，为铁路监理行业发展和会员单位服务，联合监理行业各方面力量，围绕铁路监理行业发展的热点、难点、焦点问题，开展调查研究，反映会员诉求。围绕高速铁路建设的需要，积极开展铁路监理人员的培训，为铁路工程建设打下良好的基础；致力于创新监理模式，推动监理业务实现标准化、规范化。围绕标准化建设，积极推广新技术、新工艺、新流程的应用，促进行业科技水平的提高；组织开展行业诚信建设，指导企业和监理人员合法经营、依法监理；引导全行业加强质量安全管理，提高质量安全意识，提升工程质量；利用图书、网站以及新媒体对外开展宣传工作，提供信息服务，开展咨询服务，指导监理企业改善管理，提高效益。

2023 年是全面贯彻落实党的二十大精神的开局之年，也是推进落实"十四五"规划的关键之年。党的二十大发出了向实现第二个百年奋斗目标迈进的进军号令，确定了高质量发展是全面建设社会主义现代化国家的首要任务。作为国家铁路、人民铁路，新征程上，坚决听从党中央号令，推动铁路高质量发展不断取得新成效，切实承担服务和支撑中国式现代化建设的历史重任。

近年来，越来越多的监理企业进入铁路建设市场，已有铁路局属、院校、科研单位、设计院属，以及国务院及地方所属 122 家路内外监理企业成为中国铁道工程建设协会具有监理业务的会员单位。据不完全统计，全路监理从业人员已近 4 万人；已建成的青藏铁路和京津、京广、京沪、沪昆、京张、京雄等高铁和近期建成的郑万、湖杭、京唐、和若、大瑞铁路等项目，以及即将建成的郑济、贵南、福厦、成兰、昌景黄、南沿江等国家重点建设项目，都留下了广大铁路建设工程监理人员拼搏前行的足迹。

会员单位所监理的铁路建设工程中有数十项获得火车头优质工程奖、中国建筑工程鲁班奖、中国土木工程詹天佑奖、国家优质工程金银奖，以及多项省、部级优质工程奖。

目前，川藏铁路建设如火如荼，雄商、成渝中线、北沿江、西渝高铁等新的铁路建设项目开工建设，铁路建设工程监理始终行驶在快车道上。监理企业社会信誉不断提高，诚信建设不断深入，铁路监理企业向高质量发展迈出了坚实步伐。同时铁路监理企业在房屋建筑、市政、轨道交通、电力、公路、水利水电、矿山等工程建设中也发挥着重要作用。铁路建设工程监理工作，又站在一个崭新的起跑点上。

新时代铁路建设发展目标宏伟、使命光荣、责任重大。让我们深入贯彻落实习近平总书记对铁路工作的重要指示批示精神，全面落实国铁集团党组的部署要求，勇担交通强国铁路先行的历史使命，踔厉奋发、笃行不怠、勇毅前行，助力国内国际双循环，奋力谱写铁路建设新篇章。

（本页信息由中国铁道工程建设协会提供）

河北省建筑市场发展研究会

一、概况

河北省建筑市场发展研究会是在全面响应河北省建设事业"十一五"规划纲要的重大发展目标下，在河北省住房和城乡建厅致力于成立一个具有学术研究和服务性质的社团组织愿景下，由原河北省建设工程项目管理协会重组改建成立，定名为"河北省建筑市场发展研究会"。2006 年 4 月，经省民政厅批准，河北省建筑市场发展研究会正式成立。河北省建筑市场发展研究会接受河北省住房和城乡建设业务指导，河北省民政厅监督管理。2022 年 10 月完成第四届理事会换届工作。

二、宗旨

以习近平新时代中国特色社会主义思想为指导，遵守宪法、法律、法规和国家政策，坚持以"为政府决策服务、为企业需求服务、为行业发展服务、为社会进步服务"为核心理念，充分发挥桥梁和纽带作用，维护会员合法权益，加强行业自律，引导会员遵循"守法、诚信、公正、科学"职业准则，保障工程质量，为建设工程高质量发展作出贡献。

三、业务范围

1. 开展调查研究，提出培育、壮大、规范河北省建筑市场的建议，向政府有关部门报告。

2. 推动企业转型升级，推动"互联网＋"、大数据、人工智能、数字化等新技术的应用。

3. 制定行业自律公约、职业道德准则等行规行约，推进行业诚信建设，建立会员信用档案。依法依规开展会员信用评估，督促会员守信合法经营。

4. 组织开展人才培训，业务、学术、观摩交流，行业知识竞赛、技术竞赛等活动，不断提高行业整体素质。

5. 树行业典型，总结推广先进经验和做法。

6. 参与行业地方标准、团体标准制定。

7. 推进全过程工程咨询，开展全过程工程咨询服务标准、规程或导则的研究工作。

8. 维护会员合法权益，提供政策咨询与法律咨询。

9. 为工程造价纠纷调解提供服务。

10. 加强与国内外、省内外同行业组织的联系，开展行业合作与交流。

11. 编辑出版《河北建筑市场研究》、资料汇编、教材、工具书籍，制作相关影像资料；主办研究会网站和微信公众号。

12. 加强行业党建和精神文明建设，组织会员参与社会公益活动，履行社会责任。

13. 承接政府及其管理部门委托的其他事项。

业务范围中属于法律法规章须经批准的事项，依法批准后开展。

四、会员

研究会会员分为单位会员和个人会员。

从事建筑活动的建设、勘察设计、施工、监理、造价等建筑市场各方主体，院校、科研机构等企事业单位，市级建筑行业社团组织，可以申请成为单位会员。

从事建筑活动的注册建造师、注册监理工程师、注册造价师等执业资格人员，或具有教授、副教授、研究员、副研究员、高级工程师、工程师等职称以及相关从业人员，可申请成为个人会员。

五、秘书处

研究会常设机构为秘书处，下设四个部门：监理部、造价部、综合保障部、政策研究信息部。

六、宣传平台

1. 河北省建筑市场发展研究会网站。

2. 会刊《河北建筑市场研究》。

3. 河北建筑市场发展研究会微信公众号。

七、助力脱贫攻坚

研究会党支部联合会员单位，2018 年助力河北省住房和城乡建设厅保定市阜平县脱贫攻坚工作，为保定市阜平县史家寨中学筹集善款 11.8 万元，用于购买校服和体育器材；2019 年为保定市阜平县史家寨村筹集善款 15.55 万元，修建 1000m 左右防渗渠等基础设施，制作部分晋察冀边区政府和司令部旧址窑洞群导图、指示牌和标识牌，购置脱贫攻坚必要办公用品。

八、众志成城，共抗疫情

疫情发生后，研究会及党支部发出《关于积极配合做好疫情防控工作倡议书》，会员单位积极响应，捐款捐物，合计捐款 189.97 万元。

九、助力乡村振兴

按照河北省民政厅、河北省住房和城乡建设厅对乡村振兴工作的部署，2023 年 5 月 16 日，研究会向会员单位发起积极参与乡村振兴的倡议书，助力保定市阜平县夏庄村和史家寨村乡村振兴，54 家会员单位积极响应，共筹集善款 93500 元，其中，54 家会员单位合计捐款 84000 元，研究会捐款 9500 元。

十、荣誉

中国建设监理协会常务理事单位；

2018 年度荣获中国社会组织评估 3A 等级社会组织；

2018 年度荣获河北省民政厅助力脱贫攻坚先进单位；

2019 年度荣获河北省民政厅助力脱贫攻坚突出贡献单位；

2020 年度荣获"京津冀社会组织跟党走——助力脱贫攻坚行动"优秀单位；

2020 年度荣获"社会组织参与新冠肺炎疫情防控"优秀单位。

（本页信息由河北省建筑市场发展研究会提供）

第四届一次会长办公会

课题中期成果汇报会

"河北省工程监理信息化发展研究"课题验收会

"危险性较大分部分项工程监理工作标准"地方标准开题论证会

企业开放日活动——走进河北中原

企业开放日活动——走进方舟

监理业务知识培训班开班式

监理业务知识培训班现场

研究会党支部主题党日活动

加强建设工程监理现场管理研讨会

第四届一次常务理事会开幕式

第四届一次常务理事会现场

地　址：石家庄市靶场街 29 号
邮　编：050080
电　话：0311-83664095
邮　箱：hbjzscpx@163.com

中国建设监理协会石油天然气分会

《化工石油工程》教材修编工作启动会

《大兴国际机场管道工程创新项目管理实践》荣获中国建筑业协会项目管理Ⅰ类成果奖

四届一次理事会（扩大）会议

四届二次理事会（扩大）会议

石油工程建设项目管理成果研讨会

组织"工程建设行业数字化交付现状及展望"交流

组织学习观看"绿色低碳　能源变革"国际高端论坛

中国建设监理协会石油天然气分会（以下简称"分会"）成立于2004年8月30日，是由从事石油天然气工程建设监理业务的监理单位自愿结成的社会团体，是中国建设监理协会的分支机构。

分会现有单位会员38家，其中具有综合资质单位6家、甲级资质单位31家、乙级资质单位2家，现有监理人员共计7658人。分会第五届理事会由9家副会长单位、5家理事单位组成。现有中国建设监理协会个人会员1038人。

分会成立19年来，在中国建设监理协会及各级领导的关心和支持下，积极组织研究石油天然气工程建设监理的理论、方针、政策；贯彻执行中国建设监理协会制定的工程建设监理单位及监理人员的职业行为准则；组织制定石油天然气工程建设监理工作标准、规范和规程；开展国内外信息交流活动，为会员提供信息服务，协助会员开拓国内外监理业务；加强石油天然气工程建设监理事业的宣传工作；组织会员交流石油天然气工程管理、企业管理和监理工作经验，提高会员的业务能力、管理水平和人员素质；举办多种形式的监理业务培训班及研讨会，为会员单位培养企业管理和工程建设监理人才；开展工程建设监理业务的调查研究工作，向有关部门提供情况，协助制定石油天然气建设监理法规和行业发展规划；组织编制并修订监理工程师继续教育教材《化工石油工程》；与石油行业加强联合，组织会员参加优秀项目管理成果及管理论文评比等活动，获得国家级项目管理成果奖11项。

今后，分会将继续认真贯彻领会国家对油气建设业务改革精神，在中国建设监理协会的正确领导和指引下，以推动石油工程监理行业健康发展为目标，加强行业正面宣传，发挥好桥梁纽带作用，着力促进行业转型升级，推进企业数字化管理及全过程工程咨询与项目管理服务开展，促进石油天然气工程监理行业创新发展。

长输管道项目监理培训

（本页信息由中国建设监理协会石油天然气分会提供）

广东工程建设监理有限公司

上海世贸广州汇金中心　　　　佛山世纪莲体育中心
（广州国际金融城）

广东工程建设监理有限公司于 1991 年 10 月经广东省人民政府批准成立，是原广东省建设委员会直属的省级工程建设监理公司。经过 30 多年的发展，现已成为拥有独立产权写字楼和净资产达数千万元的大型综合性工程管理服务商。

公司具有工程监理综合资质，在工程建设招标代理行业资信评价中获得了最高等级证书，同时取得工程咨询单位建筑、市政公用工程专业双甲级资信证书，公司还具有人防监理乙级资质以及广东省建设项目环境监理资格行业评定证书等。公司为广东省全过程工程咨询第一批试点单位之一，已在工程监理、工程招标代理、政府采购、工程咨询、工程造价和项目管理、项目代建、全过程工程咨询等方面为客户提供了大量、优质的专业化服务，并可根据客户的需求，提供从项目前期论证到项目实施管理、工程顾问管理和后期评估等紧密相连的全方位、全过程的综合性工程管理服务。

佛山西站综合交通枢纽工程　　华阳桥特大桥工程

公司现有各类技术人员 800 多人，技术力量雄厚，专业人才配套齐全，拥有全国各类注册执业资格人才 300 多人，其中注册监理工程师100 多人，拥有中国工程监理大师及各类注册执业资格人员等高端人才。

公司管理先进、规范、科学，已通过质量、环境、职业健康安全、信息安全、知识产权、企业诚信管理体系六位一体的体系认证，采用 OA 办公自动化系统进行办公和使用工程项目管理软件进行业务管理，拥有先进的检测设备、工器具，能优质高效地完成各项委托服务。

广东省奥林匹克体育中心

公司把"坚持优质服务、实行全天候监理、保持廉洁自律、牢记社会责任、当好工程质量卫士"作为工作的要求和行动准则，所服务的项目均取得了显著成效，一大批工程获得"鲁班奖""詹天佑土木工程大奖"、国家优质工程奖、全国市政金杯示范工程奖、全国建筑工程装饰奖和省、市建设工程优质奖等，深受建设单位和社会各界的好评。

公司有较高的知名度和社会信誉，先后多次被评为全国先进建设监理单位和全国建设系统"精神文明建设先进单位"，荣获"中国建设监理创新发展 20 年工程监理先进企业"和"全国建设监理行业抗震救灾先进企业"称号。2014—2015 年度被授予"国家守合同重信用企业"，连续 20 年被评为"广东省守合同重信用企业"，多次被评为"全省重点项目工作先进单位"，连续多年被评为"广东省中小企业 3A 级企业"和"广东省诚信示范企业"。

广东省博物馆新馆

公司始终遵循"守法、诚信、公正、科学"的执业准则，坚持"以真诚赢得信赖，以品牌开拓市场，以科学引领发展，以管理创造效益，以优质铸就成功"的经营理念，恪守"质量第一、服务第一、信誉第一"和信守合同的原则，在激烈的市场竞争大潮中，逐步建立起自己的企业文化。公司将一如既往，竭诚为客户提供高标准的超值服务。

广东省美术馆、广东省非物质文化遗产　广深高速公路
展示中心、广东省文学馆"三馆合一"
项目

地　址：广州市越秀区白云路 111-113 号白云大厦 16 楼
邮　编：510100
电　话：020-83292763、83292501
传　真：020-83292550
邮　箱：gdpmco@126.com
微信公众号：gdpm888

背景图：武汉市轨道交通 6 号线一期工程第一、二、三、四、七、八标段土建工程（第三标段）

（本页信息由广东工程建设监理有限公司提供）

河南长城铁路工程建设咨询有限公司

公司参与监理的沪汉蓉高速铁路武汉至宜昌段（国家四纵四横铁路网四横之一组成部分）

公司参与监理的和若铁路（世界首个沙漠铁路环线）

公司监理的广湛高铁湛江湾海底隧道（隧道全长9640m，是我国目前独头掘进最长的大直径穿海高铁盾构隧道）

公司参与监理的北京大兴国际机场航站楼工程

公司参与监理的郑州轨道交通1号线二期工程（获"国家优质工程奖"）

公司监理的济源至洛阳西高速公路黄河特大桥工程

公司监理的台辉高速公路黄河特大桥工程（获"詹天佑"奖）

公司荣获"全国五一劳动奖状"称号

2021年7月1日，公司董事长朱泽州作为劳模代表受邀进京参加中国共产党成立100周年庆祝大会等活动

公司组织全体员工赴爱国主义教育基地红旗渠参观学习

河南长城铁路工程建设咨询有限公司成立于1993年，隶属于河南铁路集团，是一家集全过程咨询和工程监理、造价咨询、设计、招标代理为一体的综合性咨询集团公司。公司具有住房和城乡建设部工程监理综合资质、交通部公路监理甲级资质、水利部水利乙级资质。公司控股管理河南省铁路勘测设计有限公司、河南省铁路建设有限公司、河南长城建设工程试验检测有限公司。公司通过了ISO9001、ISO14001、ISO45001管理体系认证，现为中国建设监理协会常务理事单位、中国铁道工程建设协会建设监理专业委员会常务委员会成员单位、河南省建设监理协会副会长单位，被科技部认定为"高新技术企业"。

公司技术力量雄厚，监理咨询人员达1000余人，其中中高级职称人员800余人，住房和城乡建设部、交通部、国铁集团等认定的各类注册工程师700余人。

公司承担监理的工程涵盖铁路、公路、城市轨道交通、市政、房屋建筑、水利、机场、大型场馆等领域，且参与了国家"一带一路"重点项目中（国）老（挝）铁路、几内亚西芒杜铁路、国家援助巴基斯坦公路、非洲刚果布大学城等援外项目，监理项目逾1000项。其中铁路建设领域先后参建了徐兰、沪昆、兰新、京沈、京雄、成昆、郑万、哈牡、赣深、沪苏湖等几十条高速铁路和拉林、渝贵、格库、大瑞、和若、川藏、西成、兰合、包银等国家干线铁路及重难点项目。高速公路方面先后参建了河南台辉、济洛西、安罗、沿太行西延、鸡商及贵州桐新、剑榕、云南宜毕等高速公路项目。城市轨道方面先后承担了郑州轨道1~12号线监理及武汉、成都、济南、福州、温州、金华、呼和浩特、洛阳等城市轨道交通的监理任务。市政方面先后参建了郑州机场航站楼、北京大兴机场及国家重点项目南水北调工程总干渠、多个城市立交、高架快速通道、城市管网等大型市政、机场、场馆、水利项目。桥隧方面公司监理的项目涵盖黄冈公铁两用长江大桥、郑济公铁两用黄河大桥、台辉高速黄河特大桥、济洛西高速黄河特大桥等多座跨江越河特大桥，以及郑万高铁小三峡隧道、大瑞铁路秀岭隧道、广湛铁路湛江湾海底隧道等特长隧道几十座。公司获得的国家优质工程奖、"詹天佑奖""鲁班奖""火车头奖""中州杯""黄果树杯""天府杯"等国家及省部级奖项多达百余项。

公司先后荣获"全国五一劳动奖状""河南省五一劳动奖状""火车头奖"，2016—2021连续6年入选全国工程监理企业综合排名100名，被河南省住房和城乡建设厅确定为"河南省重点培育全过程工程咨询企业"，连续多年被国铁集团、交通部、河南省住房和城乡建设厅评为"先进监理企业""全省监理企业20强"，2020年被河南省评为"抗击疫情履行社会责任监理企业"，2021年被评为"防汛救灾先进监理单位""疫情防控先进监理单位"。公司董事长朱泽州先后荣获"河南省五一劳动奖章""全国五一劳动奖章""火车头奖章"等荣誉，作为河南劳模代表先后应邀进京参加了纪念抗战胜利70周年大阅兵、国庆70周年庆典、建党100周年庆祝活动并观礼，曾受到习近平总书记等党和国家主要领导人的亲切接见。

（本页信息由河南长城铁路工程建设咨询有限公司提供）

西安铁一院工程咨询管理有限公司

西安铁一院工程咨询管理有限公司（原名西安铁一院工程咨询监理有限责任公司）成立于 2006 年，总部位于陕西省西安市，为中铁第一勘察设计院集团有限公司控股子公司，是我国较早一批从事工程监理的企业之一，也是国内最早按照国际工程咨询模式在高速铁路及城市轨道交通领域开展咨询与项目管理的企业之一，为陕西省首批全过程工程咨询试点企业。现任陕西省建设监理协会副会长单位、西安市建设监理协会副会长单位，企业综合实力位居全国百强监理企业上游。

公司具有监理综合资质、测绘甲级及工程造价咨询等多项资质证书，通过了 ISO 综合管理体系认证和国家高新技术企业认定，获得国家专利 50 余项，有完善的数智化运营管理系统和项目管控平台，具备完善的现代企业管理体系。拥有经验丰富、专业配备齐全、技术精湛的工程技术和经济技术人员 1500 余人，其中工程师及以上职称 667 人，持有注册监理工程师、一级建造师、一级造价工程师、咨询工程师等各类执业资格证书人员共计 1230 人次。可承担所有专业工程类别建设工程项目的工程监理业务，相应类别建设工程的项目管理、技术咨询等业务。目前业务范围覆盖国内 30 余个城市及斯里兰卡、巴基斯坦、秘鲁等海外市场。

公司坚持"诚信立企、技术领先、服务至上"，先后承担了一大批有影响力的"高、大、特、难"工程的咨询与监理任务：我国首条时速 350km 高速铁路、首条跨座式单轨、首条穿越秦岭高速铁路、首条城际地铁、首条高原电气化铁路、我国首个竞标成功的海外工程咨询项目、世界首条修建在高寒季节性冻土地区的长大高速铁路、首条湿陷性黄土地区高速铁路、首个获 FIDIC 全球杰出工程奖的地铁工程……多年深耕细作中积淀了在行业内领先的技术服务优势。

近年来公司持续推进转型升级，聚焦产业链上游，形成了以工程监理为主，项目管理与代建、第三方巡查、造价咨询及全过程工程咨询等业务同步发展的 1+N 产业格局，并积极与院校机构合作开展生态治理与综合开发领域的策划咨询，为各行业提供多元化服务。

公司坚持"以技术支撑服务，以服务提升品质，以品质赢得市场"，在业界树立了良好的资信及口碑，荣获"鲁班奖"4 项、"詹天佑奖"9 项、国家优质工程奖 17 项（其中金质奖 4 项）、国家市政金杯奖 3 项、中国安装工程优质奖 2 项、其他国家级及省部级工程奖项 80 余项。先后多次被中国建设监理协会、中国铁道工程建设协会、陕西省及西安市建设监理协会授予"先进工程监理企业"称号，多次被市级、省级市场监督管理局和国家市场监督管理总局授予"守合同重信用企业"称号，荣获陕西省"A 级纳税人"称号。

面向未来，锚定加快建成国内先进工程咨询企业的奋斗目标，公司将持续贯彻"深化改革、提质增效、创新发展、争创一流"的战略方针，继往开来，砥砺奋进，用行动践行对每一份信任的庄严承诺，为行业发展贡献更多的企业智慧和力量。

地　址：陕西省西安市高新区丈八一路 1 号汇鑫中心
　　　　D 座 6 楼
电　话：029-81770772
邮　箱：jlgs029@126.com
招　聘：jlgszhaopin@126.com　029-81770791

（本页信息由西安铁一院工程咨询管理有限公司提供）

京津城际铁路（我国首条时速 350km 高速铁路）

重庆轻轨 2 号线一期（我国首条跨座式单轨）

哈大客专（世界上首条修建在高寒季节性冻土地区的长大高速铁路）

广佛地铁（我国首条城际地铁）

西安地铁 2 号线（世界上首条修建在黄土地区的地铁）

郑西客专（世界上首条修建在大面积湿陷性黄土地区的高速铁路）

银西铁路（我国目前最长有砟轨道高速铁路）

拉林铁路（我国首条高原电气化铁路）

斯里兰卡南部高速公路咨询项目

泾河新城秦创原医疗健康科技产业园一期（全过程工程咨询）

秘鲁利马地铁 2 号线（我国首个竞标成功的海外工程咨询项目）

河南省光大建设管理有限公司

河南省光大建设管理有限公司成立于2004年11月，注册资本金5100万元，办公面积约2000m²，是一家集工程监理、招标代理、造价咨询、工程咨询、全过程咨询、项目管理于一体的综合性技术咨询服务型企业，可以为全国业主单位提供建设项目全生命周期的组织、管理、经济和技术等各阶段专业咨询服务。

企业资质：工程监理综合资质、水利工程施工监理乙级资质、水土保持工程施工监理乙级资质、人防监理乙级资质、地质灾害治理工程监理乙级资质、工程招标代理甲级资质、中央投资招标代理资质、政府采购招标代理甲级资质、工程咨询乙级资信资质（建筑、市政、水利）、造价咨询资质。公司还可提供全过程工程咨询服务。

公司实力：公司组织机构健全，设有综合办、行政督办、人力发展部、财务部、经营部、招标代理中心、工程部、造价咨询部等部门。设有党支部、团支部，成立有专家委员会，有专业律师组成的法务部。

公司培养了一支技术精湛、经验丰富的管理团队。公司具有各类专业技术人员1000余人，其中注册造价师30人、招标师25人、注册咨询工程师28人、注册监理工程师200人、一级建造师30人、二级建造师14人；高级技术职称100余人、中级技术职称300余人；公司专家库具有各类经济、技术专家5000余名。

公司荣誉：公司连续多年被评为全国先进工程监理企业、中国招标投标协会3A级信用企业、河南省建设工程先进监理企业、河南省优秀监理企业、河南省装配式建筑十佳企业、河南十佳高质量发展标杆企业、河南十佳创新型领军企业、河南省先进投标企业、河南省工程招标代理先进企业、河南省招标投标先进单位、河南省守合同重信用企业、郑州市建设工程监理先进企业、河南省全过程咨询试点单位、河南省中介服务品牌企业。2020、2021年入选全国工程监理企业收入百强，河南省服务业百强企业。现为中国建设监理协会理事单位、河南省建设监理协会副会长单位、中国招标投标协会会员单位、河南省建设工程招标投标协会副会长单位、河南省招标投标协会理事单位。

业绩优势：公司成立以来承接各类监理工程7000多项，多次获得国家优质工程奖、省优质工程奖、市政金杯奖、省级安全文明工地、省质量标准化项目等。承接招标代理业务6000余项，在PPP、EPC、国际机电招标项目的招标代理上也积累了丰富的经验。公司在造价咨询、工程咨询领域取得了较大进展，累计承接造价咨询业务200余项。BIM技术在公司多个项目得以应用，对工程管理起到了积极辅助作用。

在过去的岁月里光大人用自己不懈的努力和奋斗，开拓了市场、赢得了信誉、积累了经验。展望未来，我们将继续遵照"和谐、尊重、诚信、创新"的企业精神，立足河南省，开拓国内，面向世界，用辛勤的汗水和智慧去开创光大更加美好的明天。

（本页信息由河南省光大建设管理有限公司提供）

监理部分优秀项目展示

林州红旗渠公共服务中心项目工程监理

省直青年人才公寓金科苑项目工程监理

山西省万柏林公共文化服务中心工程监理

开封一渠六河连通综合治理工程监理（河南省建设工程"中州杯"、"红旗渠杯"省优质工程）

代理部分优秀项目展示

濮阳县新高中项目

商城县红色旅游特色小镇（一期）工程

造价部分优秀项目展示

林州市廉政教育中心项目

温县春风江南颐乐小镇项目

地　　址：河南省郑州市金水区北环路6号经三名筑9幢9层
联系电话：0371-66329668（办公室）
　　　　　0371-55219688（经营部）
　　　　　0371-86610696（招标代理部）
　　　　　0371-85512800（造价咨询部）
　　　　　15386816826（山西事业部）

背景图：涧河治理工程同乐寨村安置房建设项目全过程工程咨询服务

清鸿工程咨询有限公司

清鸿工程咨询有限公司于1999年9月23日经河南省工商行政管理局批准注册成立，注册资本5000万元人民币。公司是一家具有独立法人资格的技术密集型企业，致力于为业主提供综合性高智能服务，立志成为全国一流的全过程工程咨询公司。

公司具有工程监理综合资质、水利部水利施工监理乙级资质、水土保持工程施工监理乙级资质、国家人防办工程监理乙级资质、工程咨询单位乙级资信预评价。

公司为河南省建设监理协会理事单位、河南省工程建设协会理事单位、河南省建设工程招标投标协会副秘书长单位、《建设监理》杂志理事会副理事长单位；公司荣获"2014—2022年度河南省建设监理行业优秀工程监理企业"、全国"3A级重合同守信用企业""河南省建筑业骨干企业""河南工程咨询行业十佳杰出单位""河南咨询行业十佳高质量发展标杆企业"称号，被中共金水区经八路街道工委授予"经八路街道党建工作先进党组织""区域化党建工作优秀共建单位"称号。

公司实施数字化解决方案，打造出集OA办公、项目管理、项目协同等功能于一体的数字化管理平台，覆盖咨询服务全过程，实现了业务管理标准化、项目信息在线化、业务流程数字化。公司注重质量、安全和环境的系统管理工作，已通过了GB/T 19001—2016/ISO 9001：2015质量管理体系、GB/T 24001—2016/ISO 14004：2015环境管理体系、GB/T 45001—2020/ISO 45001：2018职业健康安全管理体系、GB/T 22080—2016/ISO/IEC 27001：2013信息安全管理体系和GB/T 31950—2015诚信管理体系认证。

1999年公司成立以来，参与建设了建筑工程、工业工程、人防工程、市政工程、电力工程、化工石油工程、水利工程、风电工程等千余项项目，荣获了"中国建筑工程装饰奖""安全文明标准化示范工地""质量文明标准化示范工地""中州杯""市政金杯奖""工程建设优质工程"等奖项。

公司现有管理和技术人员711余名，其中高级技术职称50人、中级技术职称380人，注册监理工程师125人、一级注册建造师31人、注册造价工程师10人、一级注册结构师1人，其他注册人员41人，河南省专业监理工程师326人、监理员241人，人才涉及建筑、结构、市政道路、公路、桥梁、给水排水、暖通、风电、电气、水利、化工、石油、景观、经济、管理、电子、智能化、钢结构、设备安装等各专业领域。

系统管理：公司注重质量、安全和环境的管理工作，并建立了标准化的质量管理体系、职业健康安全管理体系和环境管理体系；同时，公司在总结既往项目管理经验的基础上进一步完善和规范工作程序，通过不懈努力，已形成了一套自有的规范化、程序化的管理制度，逐渐形成了公司特有的管理模式。

多年来，公司注重人才管理，用文化吸引人才，用待遇留住人才，用机制激励人才，用事业成就人才——这是清鸿工程咨询有限公司最根本的管理理念。

公司业务涉及：全过程咨询；建设工程监理，工程管理服务；公路工程监理；水运工程监理；水利工程建设监理；单建式人防工程监理；文物保护工程监理；地质灾害治理工程监理；工程造价咨询业务，BIM技术咨询；第三方评估；招标投标代理服务，政府采购代理。

（本页信息由清鸿工程咨询有限公司提供）

寻乌县杨梅工业园区标准厂房及其配套设施建设项目

镇雄县以勒易迁后扶纺织服装产业园建设项目

阿里巴巴菜鸟仓储项目（郑州、西安、海口）

基于百兆瓦压缩空气储能综合能源示范项目300MW风力发电项目

郑州市西四环大河路项目

郑东新区107辅道（新龙路—七里河北路）综合管廊工程

原阳县CBD中心区市政基础设施项目施工监理

潢川县黑臭水体整治工程EPC总承包、监理项目

海宁皮革城项目（全过程工程咨询）

安徽财经大学现代产业学院和产学研创新实践基地建设项目（全过程工程咨询）

京沪高铁

鹦鹉洲长江大桥

铁四院（湖北）工程监理咨询有限公司

铁四院（湖北）工程监理咨询有限公司（以下简称"铁四院监理公司"）成立于1990年，注册资本2000万元，是中铁第四勘察设计院集团有限公司下属的全资控股子公司，总部设在湖北省武汉市，是国家高新技术企业。

持有住房和城乡建设部工程监理综合资质、交通部公路工程甲级、特殊独立隧道专项及特殊独立大桥专项资质，交通部试验检测资质，综合实力在全国8300余家监理企业中名列前茅。

业务范围涵盖铁路、公路、城市轨道交通、水底隧道、独立大桥、房屋建筑、市政、机电等所有专业类别建设工程项目的施工监理、工程质量检测、工程材料检测业务，同时还可开展相应类别建设工程的项目管理、技术咨询等业务。

深圳地铁3号线（第十一届"詹天佑奖"）

崇太长江隧道

现有员工1500余人，员工中持有住房和城乡建设部注册监理工程师证500余人、注册咨询工程师证40余人、注册安全工程师证100余人、注册造价工程师证50余人、注册一级建造师证50余人、注册设备监理工程师证50余人，交通部注册证500余人。

监理的多个工程项目技术领先，位居全国乃至世界前列：世界级超大型综合集群工程——港珠澳大桥、世界级大跨度公铁两用斜拉桥——沪苏通铁路长江大桥、世界级大跨度铁路拱桥——大瑞铁路怒江特大桥、世界首座主缆连续的三塔四跨悬索桥——武汉鹦鹉洲长江大桥、国内首座公铁两用跨海大桥——福平铁路跨海大桥、亚洲最大地下火车站——广深港高铁深圳福田站、亚洲最大地铁停车场——成都地铁7号线崔家店停车场、我国大陆地区首座海底隧道——厦门翔安海底隧道、长江上盾构直径最大的隧道——江阴靖江长江隧道、世界级规模的城市湖底双层超大直径隧道——武汉两湖隧道。

江苏海太过江隧道

沪通长江大桥

累计获得"鲁班奖""詹天佑奖"、国家优质工程奖、全国市政示范工程奖、"火车头"优质工程奖等30余项次。铁四院监理公司被授予"中国建设监理创新发展20年工程监理先进企业""共创鲁班奖优秀工程监理企业"、湖北省"先进监理企业"、湖北省"五一劳动奖状"、湖北省"第十六届守合同重信用企业"、重庆市"五一劳动奖状"等荣誉称号。

前行不忘来时路，初心不改梦归处。作为国内最早开展监理业务的企业之一，铁四院监理公司始终秉承"信守合同、严格监理、科学管理、持续改进、客户满意"的服务宗旨，发扬"专业、敬业、创新、创誉"的新时代四院精神，服务于交通强国建设。

铁四院光谷办公楼

麻竹公路

公司真诚期待各位同仁、合作伙伴一如既往地关注、关心、支持铁四院监理公司的发展，并愿与您继续精诚合作，携手共进，共创美好未来。

福平铁路公铁两用桥

（本页信息由铁四院（湖北）工程监理咨询有限公司提供）

浙江求是工程咨询监理有限公司

浙江求是工程咨询监理有限公司坐落于美丽的西子湖畔，是一家专业从事工程咨询服务的大型企业，致力于为社会提供全过程工程咨询、工程项目管理、工程监理、工程招标代理、工程造价咨询、工程咨询、政府采购等技术咨询服务。是全国咨询监理行业百强、国家高新技术企业、杭州市文明单位、西湖区重点骨干企业，是第一批全过程工程试点企业，浙江省第一批全过程工程试点项目。公司具有工程监理综合资质、人防工程监理甲级资质、水利监理乙级资质、工程招标代理甲级资质、工程造价咨询甲级资质、工程咨询甲级资信。

公司一直重视人才梯队化培养，依托求是管理学院构筑和完善培训管理体系。开展企业员工培训、人才技能提升、中层管理后备人才培养等多层次培训机制，积极拓展校企合作，强化外部培训的交流与合作，提升企业核心竞争力。拥有强大的全过程工程咨询服务技术团队、先进的技术装备、丰富的项目管理实践经验、行之有效的管理体系。拥有各类专业技术人员1400 余人，其中中高级职称 900 余人，注册监理工程师 320 余人，以及一级建筑师、一级结构师、注册公用设备工程师、注册电气工程师、注册造价师、注册咨询师、注册人防监理工程师、注册安全工程师、一级建造师、BIM 工程师、信息系统监理工程师等一大批专业型、复合型人才。

公司现已成为中国建设监理协会理事、中国工程咨询协会会员、中国建设工程造价管理协会理事、中国施工企业管理协会会员、浙江省全过程工程咨询与监理管理协会副会长、浙江省信用协会执行会长、浙江省招标投标协会副会长、浙江省建设工程造价管理协会副秘书长、浙江省工程咨询行业协会常务理事、浙江省风景园林学会常务理事、浙江省绿色建筑与建筑节能行业协会理事、浙江省建筑业行业协会会员、浙江省市政行业协会会员、杭州市全过程咨询与监理管理协会副会长、杭州市建设工程造价管理协会副会长、杭州市龙游商会执行会长、杭州市西湖区建设行业协会常务理事、衢州市招标投标协会副会长、衢州市信用协会副会长单位。

公司始终坚持"求是服务，铸就品牌；求是管理，共创价值；求是理念，诚赢未来；求是咨询，社会放心"的理念，公司通过"求是智慧管理平台"，推行项目管理工作标准化、规范化、流程化、数字化的科学管理模式，充分发挥信息化、专业技术等资源优势，努力打造全过程工程咨询行业标杆企业，为工程建设高质量发展作贡献，为社会创造更多的价值。

公司已承接项目分布于全国各地，涉及各专业领域，涵盖建筑、市政公用、机电、水利、交通等所有建设工程专业。尤其在大型场（展）馆、剧院、城市综合体、医院、学校、高层住宅、有轨交通、桥梁、隧道、综合管廊等全过程工程咨询项目服务中已取得诸多成果。已获得"鲁班奖"等国家级奖项 40余个、省（市）级工程奖项 1000 余个。得到行业主管部门、各级质（安）监部门、业主及各参建方的广泛好评，已成为全过程咨询行业的主力军。

地　址：杭州市西湖区绿城西溪世纪中心 3 号楼 12A 楼
电　话：0571-81110602（市场部）

（本页信息由浙江求是工程咨询监理有限公司提供）

郑州市美术馆、档案史志馆建设项目

（下城区灯塔单元 C6-D12）地块科研大楼

景芳三堡单元江河汇城市综合体汇中区块景观步行桥和西岸公园（工程监理）

晋江市第二体育中心（项目监理）

亚运会棒（垒）球体育文化中心项目（全过程工程咨询）

亚运会棒垒球场馆周边环境提升工程全过程工程咨询服务项目总体布置图

衢州客厅（全过程工程咨询服务）

杭政储出（2021）57 号商业商务地块（项目监理）

中国（杭州）国际快递会展中心——桐庐县富春未来城快递物流会展中心项目（一期）（监理）

杭州西站枢纽天元公学（西站校区）工程总承包（EPC）（监理）

西部（重庆）科学城·科学谷

浙江龙港经济产业发展中心和青龙湖科创孵化中心

重庆寸滩国际新城邮轮母港片区城市路网

昆明市综合交通国际枢纽

重庆广阳岛全岛建设及广阳湾生态修复

江苏园博园

云南省彝医医院（楚雄州中医医院）

深圳桂湾四单元九年一贯制学校

同炎数智科技（重庆）有限公司

同炎数智科技（重庆）有限公司定位为工程项目全生命期数智化服务首选集成商，是工程咨询领域的创新科技型企业。公司以实现"数智赋能美好生活"为企业使命，在全国率先提出数智化全过程工程咨询创新模式。通过自主研发的系列平台，提供涵盖多专业、全阶段、强融合的数智化服务整体解决方案，致力于成为国际一流工程数智科技公司。

公司秉承"创新、专业、服务"的企业精神，坚持"国际本土化、本土国际化"，引进国外广泛认可的工程咨询理念，汲取实践经验，结合中国行业特点，提供"产品＋服务"数智整体解决方案，赋能客户和项目。

历经多年的发展沉淀及项目经验积累，同炎数智已获得多项专利、软件著作权，并荣获数个国内外行业大奖。作为国家高新技术企业、重庆专精特新企业和数字化试点企业，公司通过博士后科研工作站等平台，整合多专业跨学科的创新人才资源，不断为行业培养、输送智建慧管的复合型人才。

数智策划

在全国数字化发展趋势下，随着《数字中国建设整体布局规划》和"数据二十条"的发布，数智策划服务应运而生，帮助建设主体在项目前期以全阶段视角和运营思维对项目整体进行数智规划，保障项目从智建到慧管的落地可行性，同时通过国际化视野、专业的融合、跨界化思维，以高端咨询服务为引领，根据客户需求以及项目特征，提供定制化＋菜单式的服务模式，打造有特色、有亮点的数智策划方案，为客户提供创新服务，强化品牌打造。

数智全咨

基于建筑业信息化发展前景，遵循以市场化为基础、国际化为导向的思想理念，结合数据化、标准化和可视化的自主研发平台（协同管理平台、企业信息化平台、数智运营管理平台），为工程建设提供从产业规划、投资决策、勘察、设计、建设到运营维护的全过程工程咨询、跨阶段咨询及同阶段不同类型咨询组合服务，通过多专业、全阶段、强融合的数智化服务整体解决方案赋能项目全生命周期，从而实现项目一体化、管理信息化、生产协同化、建设精细化、决策智慧化和资产数字化。

数智平台

同炎数智作为全国首创、行业领先的"数智化全过程工程咨询"服务商，深耕数智化与全过程工程咨询的融合研发与创新实践，获得行业、客户、社会的广泛认可。现将多年的数智化与工程咨询的融合服务经验转化为产品，为同行赋能，帮助更多工程咨询企业形成新优势，实现数智化转型。

数智运营

基于多年工程建设经验，同炎数智自主研发"悠里"数智运营管理平台，将数智空间建设作为破解企业和空间管理者可持续发展难题、提升企业吸引力的重要手段。同炎数智利用多维度信息技术，实现管理空间整体在线、互联互通和智能控制，有效实现管理空间内资源的合理化配置，服务用户，最终使空间达成良性、协调、动态、可持续发展。

（本页信息由同炎数智科技（重庆）有限公司提供）

河北中原工程项目管理有限公司

河北中原工程项目管理有限公司创建于 1992 年，是一家集多项咨询资质于一体的全过程工程咨询企业。具有工程监理综合资质、文物监理甲级资质、工程咨询甲级资信、PPP 咨询甲级资信、工程造价甲级资质、招标代理甲级资质等，同时具有中国驻外使领馆监理资格、商务部对外援助项目实施企业资格，是河北法院工程造价类委托鉴定、评估备案机构。可为客户提供从项目前期可行性研究、投融资策划到建设实施、运营维护的全生命周期的一体化咨询服务。

1999 年公司通过 ISO 9002 国际质量管理体系认证，2011 年完成"质量、环境、职业健康安全"三标一体化认证，是中国建设监理协会理事单位、中国招标投标协会会员单位、中国建设工程造价管理协会会员单位、河北省建筑市场发展研究会副会长单位、石家庄市建筑协会副会长单位、《建设监理》副理事长单位。

公司坚持将"人才"与"创新"作为发展的原动力，中高级职称人员占员工总数的 70% 以上，同时拥有中国工程监理大师、香港测量师、国际项目管理师、BIM 咨询讲师及各类国家级注册人员数百人。2023 年 3 月，公司组织相关领域技术专家组成总师队伍，在技术委员会、总师团队的双重指导下，各项技术工作稳步向前、持续精进，承担并完成了《住宅工程质量潜在缺陷风险管理标准》《历史建筑修缮与利用技术标准》《河北省建设工程项目管理规程》《河北省建设项目环境监理技术规范》《工程管理实训教程》《监理专业技术知识与实务》《建设监理与咨询典型案例》等地方标准和专业书籍数十部，参与了多个大型复杂项目的技术方案论证。随着信息技术的不断发展，公司信息化中心在多个大型项目中成功应用 BIM 技术，推动工程咨询服务向更高水平发展。

公司成立以来，累计完成数千项工程，参与数十个中国驻外使领馆建设项目。其中秦皇岛奥体中心体育场、河北医科大学教学主楼、石家庄中银广场 A 座等项目获中国建设工程鲁班奖，河北省西山迎宾馆健身中心、河北省消防总队消防通讯指挥中心等项目获中国建筑工程装饰奖，阳煤集团深州化工每年 22 万 t 乙二醇项目煤气化工程获全国化学工业优质工程奖，"小布达宫"承德普陀宗乘之庙古建筑保护修缮工程获全国优秀古迹遗址保护项目，多个项目获河北省优质工程"安济杯"和石家庄市优质工程"兴石杯"荣誉。

公司连续多年被国家、省、市建设行政主管部门和行业协会评为先进企业，是河北省"九五"重点建设突出贡献先进单位、中国建设监理创新发展 20 年工程监理先进企业、国家招标代理机构诚信创优 4A 级企业、全国造价诚信 3A 级企业、石家庄市工程监理十大品牌企业。

面对日新月异的发展环境，公司始终坚持党建引领，公司全体员工政治立场坚定、政治素养过硬、政治纪律严明，为众多政府、社会项目提供高质量的工程咨询服务。坚持奉献社会，积极参与公益慈善事业，为汶川地震、扶贫救助、涿州洪灾等受灾地区主动捐款捐物，履行社会责任。坚持不断创新，在产业经济研究、工程造价司法鉴定、工程建设项目评审评估、安全责任风险等领域不断取得突破。坚持"走出去"战略，设立了广西分公司，与众多国际化工程公司达成战略合作，向更广阔的海外业务市场不断进发。

站在新的节点上，全体中原人将继续保持"追求卓越、不断创新、永远在路上"的企业精神，以"廉洁自律、务实进取"的工作作风，秉承"受君之托、忠君之事"的工作理念，践行"品质决定一切、服务永无止境"的核心理念，与建筑业各界同仁精诚合作，共赢未来。

（本页信息由河北中原工程项目管理有限公司提供）

"九五"重点建设突出贡献单位

持残助残先进单位

中国建设监理创新发展 20 年先进企业

2020 年度河北省守合同重信用企业

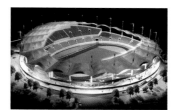

秦皇岛奥体中心体育场（"鲁班奖"）

2022 年北京冬奥会张家口赛区技术官员酒店

中国驻土耳其使馆馆舍新建工程

中国援非盟非洲疾控中心总部（一期）项目（BIM 咨询）

石家庄国际机场改扩建项目

石家庄市人民会堂

石家庄中银广场 A 座（"鲁班奖"）

阳煤集团深州化工乙二醇项目（全国化学工业优质工程奖）

重庆大学主教学楼（2008年度中国建设工程鲁班奖、第七届中国土木工程詹天佑奖）

大足时刻宝顶山景区提档升级工程（总建筑面积约55797.04m²）

重庆林鸥监理咨询有限公司

重庆林鸥监理咨询有限公司成立于1996年，是隶属于重庆大学的国家甲级监理企业。公司主要从事各类工程建设项目的全过程咨询、投融资咨询、造价咨询、监理咨询和招标投标代理业务，目前具有住房和城乡建设部颁发的房屋建筑工程监理甲级资质、市政公用工程监理甲级资质、机电安装工程监理甲级资质、化工石油工程监理乙级资质、水利水电工程监理乙级资质、通信工程监理乙级资质，以及水利部颁发的水利工程施工监理乙级资质。

公司结构健全，建立了股东会、董事会和监事会，此外还设有专家委员会，管理规范，部门运作良好。公司检测设备齐全，技术力量雄厚，现有员工800余人，拥有一支理论基础扎实、实践经验丰富、综合素质高的专业监理队伍，包括全国注册监理工程师、注册造价工程师、注册结构工程师、注册咨询师、注册安全工程师、注册设备工程师及一级建造师等具有国家级执业资格的专业技术人员130余人，高级专业技术职称人员90余人，中级职称350余人。

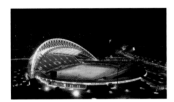

重庆市万州区体育馆（总建筑面积3.1万m²）

三峡移民纪念馆（总建筑面积1.5万m²）

公司通过了中国质量认证中心ISO 9001：2015质量管理体系认证、ISO 45001：2018职业健康安全管理体系认证和ISO 14001：2015环境管理体系认证，率先成为重庆市监理行业"三位一体"贯标公司之一。

公司监理的项目荣获中国土木工程詹天佑大奖1项，中国建设工程鲁班奖6项，全国建筑工程装饰奖2项，中国房地产广厦奖1项，中国安装工程优质奖（中国安装之星）2项以及重庆市"巴渝杯"优质工程奖、重庆市市政"金杯奖"、重庆市"三峡杯"优质结构工程奖、四川省建设工程"天府杯"金奖及银奖、贵州省"黄果树杯"优质施工工程等省市级奖项130余项。公司连续多年被评为"重庆市先进工程监理企业""重庆市质量效益型企业""重庆市守合同重信用单位"。

重大图文信息中心（2010—2011年度中国建设工程鲁班奖）

四川烟草工业有限责任公司西昌烟厂整体技改项目（2012—2013年度中国建设工程鲁班奖）

公司依托重庆大学的人才、科研、技术等强大的资源优势，已经成为重庆市建设监理行业中人才资源丰富、专业领域广泛、综合实力强大的监理企业之一，是重庆市建设监理协会常务理事、副秘书长单位和中国建设监理协会会员单位。

质量是林鸥监理的立足之本，信誉是林鸥监理的生存之道。在监理工作中，公司力求精益求精，实现经济效益和社会效益的双丰收。

南阳市医圣祠文化园项目（总建筑面积244409.15m²）

重宾保利国际广场（2015—2016年度中国安装工程优质奖"中国安装之星"）

重大虎溪校区理科大楼（2014—2015年度中国建设工程鲁班奖）

洪崖洞（重庆市政府"八大民心工程"之一，总建筑面积4.6万m²）

（本页信息由重庆林鸥监理咨询有限公司提供）

嘉宇® 浙江嘉宇工程管理有限公司

浙江嘉宇工程管理有限公司，是一家具有工程监理综合资质，集全过程工程咨询、工程监理、全过程项目管理和代建、BIM技术、设计优化、招标代理、造价咨询和审计等于一体，专业配套齐全的综合性工程项目管理公司。它源于1996年9月成立的嘉兴市工程建设监理事务所（市建设局直属国有企业），2000年11月经市体改委和市建设局同意改制成股份制企业嘉兴市建工监理有限公司，后更名为浙江嘉宇工程管理有限公司。20多年来，公司一直秉承"诚信为本、责任为重"的经营宗旨和"信誉第一、优质服务"的从业精神。

经过20多年的奋进开拓，公司具备住房和城乡建设部工程监理综合资质（可承担住房和城乡建设部所有专业工程类别建设工程项目的工程监理任务）、人防工程监理甲级资质、工程咨询甲级资质、造价咨询乙级资质、文物保护工程监理资质、综合类代建资质等，并于2001年率先通过质量管理、环境管理、职业健康安全管理等三体系认证。

优质的人才队伍是优质项目的最好保证，公司坚持以人为本的发展方略，经过20多年发展，公司旗下集聚了一批富有创新精神的专业人才，现拥有建筑、结构、给水排水、强弱电、暖通、机械安装等各类专业高、中级技术人员500余名，其中注册监理工程师169名，注册造价工程师、注册咨询师、一级建造师、安全工程师、设备工程师、防护工程师等90余名，省级监理工程师和人防监理工程师近200名，可为市场与客户提供多层次全方位精准的专业化管理服务。

公司不仅具备管理与监理各项重点工程和复杂工程的技术实力，而且还具备承接建筑技术咨询、造价咨询管理、工程代建、招标投标代理、项目管理等多项咨询与管理的综合服务能力，是嘉兴地区唯一一家省级全过程工程咨询试点企业。业务遍布省内外多个地区，20多年来，嘉宇管理已受监各类工程千余项，相继获得国家级、省级、市级优质工程奖百余项，由嘉宇公司承监的诸多工程早已成为嘉兴的地标建筑。卓越的工程业绩和口碑获得了省市各级政府和主管部门的认可，2009年以来连续多年被浙江省工商行政管理局认定为"浙江省守合同重信用3A级企业"；2010年以来连续多年被浙江省工商行政管理局认定为"浙江省信用管理示范企业"；"嘉宇"商标和品牌先后被认定为"浙江省著名商标""浙江省名牌产品""浙江省知名商号"；2007年以来被省市级主管部门及行业协会授予"浙江省优秀监理企业""嘉兴市先进监理企业"；并先后被省市级主管部门授予"浙江省诚信民营企业""嘉兴市建筑业诚信企业""嘉兴市建筑业标杆企业""嘉兴市最具社会责任感企业"等称号。

嘉宇公司通过推进高新技术和先进的管理制度，不断提高核心竞争力，本着"严格监控、优质服务、公正科学、务实高效"的质量方针和"工程合格率百分之百、合同履行率百分之百、投诉处理率百分之百"的管理目标，围绕成为提供工程项目全过程管理及监理服务的一流服务商，嘉宇公司始终坚持"因您而动"的服务理念，不断完善服务功能，提高客户的满意度。

20多年弹指一挥间。27年前，嘉宇公司伴随中国监理制度而生，又随着监理制度逐步成熟而成长壮大，并推动了嘉兴监理行业的发展壮大。而今，站在新起点上，嘉宇公司已经规划好了发展蓝图。一方面"立足嘉兴、放眼全省、走向全国"，不断扩大嘉宇的业务版图；另一方面，不断开发全过程工程咨询管理、项目管理、技术咨询、招标代理等新业务，在建筑项目管理的产业链上，不断攀向"微笑曲线"的顶端。

公司地址：嘉兴市会展路207号嘉宇商务楼
联系电话：（0573）83971111　82097146
传　　真：（0573）82063178
邮政编码：314050

（本页信息由浙江嘉宇工程管理有限公司提供）

资质证书

国家高新技术企业

浙江省优秀监理企业

农金大厦（"鲁班奖"）

南湖国际俱乐部酒店

南湖实验室新建项目一期工程

嘉兴市域外配水市区分质供水工程（水厂部分）一期工程

嘉兴市快速路三期工程

嘉兴市第一医院二期工程

嘉兴火车站广场及站房区域改扩建项目

嘉兴诺德安达双语学校

时代大厦工程

诸暨大剧院

金融广场二期工程

东营原油库迁建内景

天津 LNG 罐区全景图

山东 LNG 夜景全貌

山东管网南干线施工现场

建设中的全国油气勘探开发技术公共创新基地项目

新疆光伏发电

新疆制氢场航拍

新疆绿氢项目工艺流程

施工中的国家东营原油储备库

西气东输四线经过甘肃戈壁滩

山东胜利建设监理股份有限公司

　　山东胜利建设监理股份有限公司，是一家集工程监理与工程技术咨询于一体的技术服务型企业，国家工程监理综合资质企业。2015 年 7 月运作新三板挂牌，2016 年 2 月完成在全国中小企业股份转让系统挂牌。自 2016 年至 2019 年并购北京石大东方工程设计有限公司、山东恒远检测公司和北京华海安科技术咨询公司，公司增添工程设计甲级资质、安全评价及咨询甲级资质、无损检测 A 级资质。形成了包括规划、投资决策、勘察、设计、监理、项目管理、招标代理、造价咨询、无损检测、安全评价服务等较为完整的建设工程技术服务产业链，能够为客户提供全过程、综合性、跨阶段、一体化的项目全生命周期管理咨询和技术咨询。

　　公司已通过了质量体系、环境管理体系和职业健康安全管理体系的认证。公司于 1999 年、2006 年、2010 年、2013 年 4 次被评为全国"先进工程建设监理单位"，连续 17 年荣获"东营市工程监理先进单位""山东省监理企业先进单位"等称号；连续 20 年荣获中国石油化工集团公司"先进建设监理单位"；连续 15 年荣获"省级守合同重信用企业""山东省级诚信企业"；2008 年获得中国建设监理创新发展 20 年"工程监理先进企业"称号、"银行信用 3A 企业""东营市三十强企业""东营市四新示范企业""东营市专精特新企业"。

　　公司各专业板块技术力量雄厚，现有职工近 1565 人，目前公司拥有各类在岗持证人员 630 人次，员工执业资格率高达 32%。注册监理工程师 263 人、注册一级建造师 77 人、注册安全工程师 120 人、注册一级造价师 23 人、注册结构师 1 人、注册咨询工程师 10 人，其他国家注册资格证 136 人。

　　公司始终坚持以"科学监理，文明服务，信守合同，顾客满意"为宗旨，以"以人为本，诚信求实，创新管理，激活潜能"为经营理念，坚持"遵规守法，优质服务；持续改进，顾客满意；安全可靠，健康文明；预防污染，保护环境"的管理方针。公司监理的海洋采油厂中心三号平台、川气东送工程等 30 余项工程分别荣获中华人民共和国国家质量金质奖、银质奖、中国石油天然气集团公司优质工程金质奖、山东省建筑工程质量"泰山杯"奖、山东省装饰装修工程质量"泰山杯"奖、全国建筑工程装饰奖，建国 60 年山东省 60 项精品工程等省部级以上奖项。

　　近年来，公司在液化天然气（LNG）项目、大型原油储罐、长输管道项目、石油化工项目、工业与民用建筑项目已形成集群，服务模式包括项目管理 PMC、EPC、IPMT、工程监理、第三方安全监督服务等，可为多方提供 1+X 的工程咨询服务。公司在新疆库车绿氢示范项目承担项目第三方安全监督业务，该项目制氢规模达到每年 2 万 t，为国内光伏发电绿氢产业发展提供了可复制、可推广的示范案例；公司承担的齐鲁石化——胜利油田百万吨级 CCUS 项目，是我国最大的碳捕集利用与封存全产业链示范基地、国内首个百万吨级 CCUS 项目，国内首条 209km 二氧化碳输送管道项目。

（本页信息由山东胜利建设监理股份有限公司提供）

苏州市建设监理协会

苏州市建设监理协会成立于2000年，2016年由原"苏州市工程监理协会"更名为"苏州市建设监理协会"。2019年"苏州市建设监理协会"同"苏州市民防工程监理协会"合并，继续沿用苏州市建设监理协会名称。目前，苏州市建设监理协会共有会员单位232家。其中，综合资质企业8家（本市2家），甲级资质企业169家，乙级资质企业55家，会员单位的从业人数约达2.3万人。

协会始终以《章程》为核心开展系列活动，自觉遵守国家的法律法规，主动接受住建、民政、人防等主管部门和国家、省行业协会的监督和指导，秉承"提供服务，规范行为，反映诉求，维护权益"的办会宗旨，积极发挥桥梁纽带作用，维系企业与政府、社会的关系，了解和反映会员诉求，积极引导行业规范化，提升行业凝聚力。协会分别在辅助政府工作、服务企业、团结会员、行业自律、行业增效等多个方面取得优秀成绩。

赴大别山革命老区开展党性教育活动1

近年来，苏州市建设监理协会积极配合苏州市住房和城乡建设局开展监理行业综合改革，分别通过推进监理服务价格合理化、推进合同履行情况动态监管、加强监理人员"实名制"管理、推进监理记录仪配备和使用、强化相关检查考核等综合改革系列工作举措，多举并重、标本兼治，强化监理责任落实，完善监理工作机制，规范监理工作行为，全面提升现场质量安全监理水平。目前，全市工程项目监理取费得到了明显改善，大多数政府投资（含国有资金）工程的监理服务价格维持在原国家发展改革委、建设部关于印发《建设工程监理与相关服务收费管理规定》的通知（发改价格〔2007〕670号）的70%~80%；大多数非招标监理项目的合同额一般不低于当期《监理行业服务信息价格》。工程重要部位和关键工序的质量安全管理工作得到加强，质量安全事故隐患得到有效控制。2022年4月又对"现场质量安全监理监管系统"进行整体升级，功能模块得到优化，较之前增加了监管部门审查意见、苏安码检查、质量安全关键节点上报、进度上报、"一帽一服"等内容。"现场质量安全监理监管系统"各项功能模块操作简便可靠，运行基本正常，参与企业数、参与项目数、参与监理人数以及记录类统计数均呈现快速增长的态势。全市项目监理机构共配备了近万台监理工作记录仪，配备覆盖率约占工程监理人员70%左右。"现场质量安全监理监管系统"数据的存储、监理信息的共享，进一步增加监理工作的透明度，更加规范了监理工作行为。建筑施工质量、安全生产等工作始终保持在平稳有序的受控状态，为全面提升建筑施工现场质量安全监理水平提供支持，有力推动监理行业创新改革发展。

赴大别山革命老区开展党性教育活动2

全市监理书画作品展

协会六届一次正副会长会议

苏州市建设监理协会始终坚持党建引领，紧紧把握新时代发展的特点，围绕行业改革发展大局，认真贯彻落实党的二十大精神，扎实开展各项工作，有序推动行业健康发展，不断提升会员单位的工程项目管理水平，为助力行业高质量发展作出更大贡献。

（本页信息由苏州市建设监理协会提供）

江苏省百万城乡竞赛职工职业技能竞赛